なぜ必敗の戦争を始めたのか

陸軍エリート将校反省会議

編・解説　半藤一利

文春新書

1204

まえがき

終戦から七十余年もたつと「偕行社（かいこう）」といってもわからない方が多いことでしょう。東京は九段の近くにつくられた陸軍将校の集会所のことで、OB、現役を問わず社員という名のメンバー制で構成されています。そして戦前は親睦や研究などの集会、冠婚葬祭の援助など多方面に大いに利用されていました。終戦のさいに陸軍とともに解散しましたが、昭和二十七（一九五二）年、旧陸軍有志によって再開されています。いらい旧陸軍軍人（現在は陸上自衛隊の元幹部を含む）のため懇親や通信連絡や外部からの問い合わせに応じるなど、活動をつづけてきております。昭和三十年ごろから昭和史や太平洋戦争の勉強をしてきましたわたくしは、旧将軍や参謀たちの住所・消息などを教示してもらうべく大そうお世話になってきました。とくに月刊の機関誌『偕行』（戦前は『偕行社記事』）はいまもわたくしをはじめ多くの研究者にとって貴重なものとなっております。

本書は、その雑誌『偕行』の昭和五十一（一九七六）年十二月号から昭和五十三年三月号まで、全十五回にわたって掲載された「大東亜戦争の開戦の経緯」と題する座談会をあらためてまとめたもので、一般の読者を対象にした本としてははじめて刊行されるものです。対米英戦争開戦時の陸軍中央部（陸軍省と参謀本部）の中堅参謀たちが集まり、虚心坦懐に当時の記憶や思い出を語り合ったもので、いまは出席者全員が亡くなっています。当時の陸軍関係者のみしか目を通さないでいたであろうこの貴重な記録に、特別の刊行許可を与えてくれた偕行社さんには、衷心よりお礼を申しあげます。

考えるまでもなく、戦後のこの国の世論というか風潮というか、戦争責任とくに開戦責任をめぐって「陸軍悪玉論」「海軍善玉論」という見方が支配的でありました。いや、いまも戦争史観はその傾向から抜けきってはおりません。陸軍の強引な国策指導に穏健な海軍が引きずられたと考えている人が多いようです。理由はいくつも考えられますが、陸軍にくらべれば人的構成で十分の一の海軍（将校でくらべれば海軍は陸軍の二割強）は、まとまりやすい特長を利して戦後すぐから何冊かの「反省本」をつぎつぎに刊行したことがあげられます。最近も呉の〝大和ミュージアム〟館長戸高一成氏編『［証言録］海軍反省会』（ＰＨＰ研究所）全十一巻という大冊を刊行してわが胆を抜きました。実はわたくしもあるときまで、「海軍善玉論」に与するところがありましたから、大きなことはいえないのですが、やはり歴史はできるかぎり広く公正に史料をみて検討しなければ学んだことにはならないと常々思っています。

その観点からすれば、ある旧陸軍軍人さんの好意で比較的早くからこの〝陸軍反省会〟をわたくしは手に入れておきながら、筺底にしまいこんでずっと放っておいてあることが、かなり重荷となっているとの感がこのごろしきりにしてきたのです。この焦りに近い思いはやはりわたくしが年をとったためなのでしょうか。それでこの本の売れない時代にいまさら太平洋戦争でもあるまいといっぽうで考えながらも、思いきって文春新書編集部に話をもちかけてみた次第なのです。

ここであらかじめお断りしておかなければならないのは、本書は『偕行』連載十五回の初回から三回までをカットし、加登川幸太郎氏が司会となった四回から最終回までを収録したということであります。と申しますのも、座談会形式の常として、人間というものは同じ内容をダブって話すことが多く、くどくなり、必然的に読みづらく、かえって頭にすんなり入らなくなる。長年編集者として対談や座談会の構成・整理をした経験の多くあるわたくしには、最初の三回はカットしても十分と考えられたからです。その上で、収録した十二回も、あとで新書編集部と相談しつつ、ダブリを削るなりの若干の談話の整理をいたしました。また、いまの読者に分かりやすいよう小見出しには手をいれました。といって、語られている重要な史実を、このごろの官僚のやるように改竄や隠蔽や書き改めなどのとにかく悪質なことはいっさいしておりませんので、その点はどうぞ信用してお読みいただければと存じます。
本書を読むことで、「陸軍悪玉論」のこれまでの見方がいっぺんに変わる、といったような驚天動地の陸海逆転が起きるとは思いませんが、公正な歴史解釈には少しは近づけるのではないかと思います。昭和十五（一九四〇）年九月の日独伊三国同盟そして十六年七月の南部仏印進駐、そういうよく知られている出来事が、坂道を転がるようにして、この国を破滅にいかにして導いていったか、その理解の深まるであろうことはたしかでしょう。そして、「歴史を学ぶ」ことの面白さをあらためて感じることであろうと信じます。歴史を学ぶということはまさしく未知なる知識への挑戦なのですから。

半藤一利

なぜ必敗の戦争を始めたのか◎目次

この座談会の発言者

松村知勝（33期）昭和十二年一月参謀本部部員、十五年十二月同戦史課長、十六年十月同ロシア課長、二十年三月関東軍総参謀副長。最終階級は少将。

杉田一次（37期）昭和十四年二月参謀本部部員（欧米課）、十五年十二月アメリカ出張、十六年十一月第25軍参謀。最終階級は大佐。戦後は陸上自衛隊で幕僚長（陸将）となる。

櫛田正夫（35期）昭和十三年参謀本部部員、十六年に作戦班班長。十七年から大本営一部第14課長。最終階級は大佐。

中原茂敏（39期）昭和十三年七月造兵廠員、十四年一月軍務局課員（軍事課）、二十年四月第15方面軍参謀。最終階級は大佐。

高山信武（39期）昭和十三年十二月参謀本部部員、十五年三月ドイツ駐在、十六年三月参謀本部作戦班。最終階級は大佐。戦後は陸上自衛隊に入り陸将。

戸村盛雄（40期）昭和十四年十二月参謀本部（通信課）十八年八月関東軍参謀。最終階級は中佐。

松田正雄（41期）昭和十六年七月第二飛行集団参謀、十六年十一月参謀本部三課課員、十七年八月軍務局課員（軍事課）。最終階級は中佐。

加登川幸太郎（42期）昭和十五年六月軍務局課員（軍事課資材班）、十六年八月同予算班。最終階級は中佐。戦後は日本テレビ編成局長。

原四郎（44期）昭和十五年六月関東軍参謀、同年十一月大本営参謀（20班）。最終階級は中佐。戦後は自衛隊で戦史編纂に携わり『大本営陸軍部』（全五巻）を執筆。

神田八雄（45期）昭和十六年一月第1軍参謀、十八年6師団参謀。最終階級は中佐。

島貫重節（45期）昭和十六年三月軍務局課員（軍事課）十八年十一月兼大本営参謀。最終階級は中佐。戦後、陸上自衛隊に入り陸将。

高木作之（45期）昭和十六年七月参謀本部部員（作戦課）、十七年八月第5飛行師団参謀。最終階級は中佐。戦後は航空自衛隊に入り空将。

奥村房夫（49期）昭和十六年陸軍士官学校付、二十年飛行82戦隊長。最終階級は少佐。戦後、国際政治学者となり拓殖大学教授。

森松俊夫（53期）昭和十五年歩兵15連隊付、十八年陸軍士官学校付。最終階級は少佐。戦後は陸上自衛隊に入り、戦史編纂官。

大本営陸軍部の組織（1941年3月1日現在）

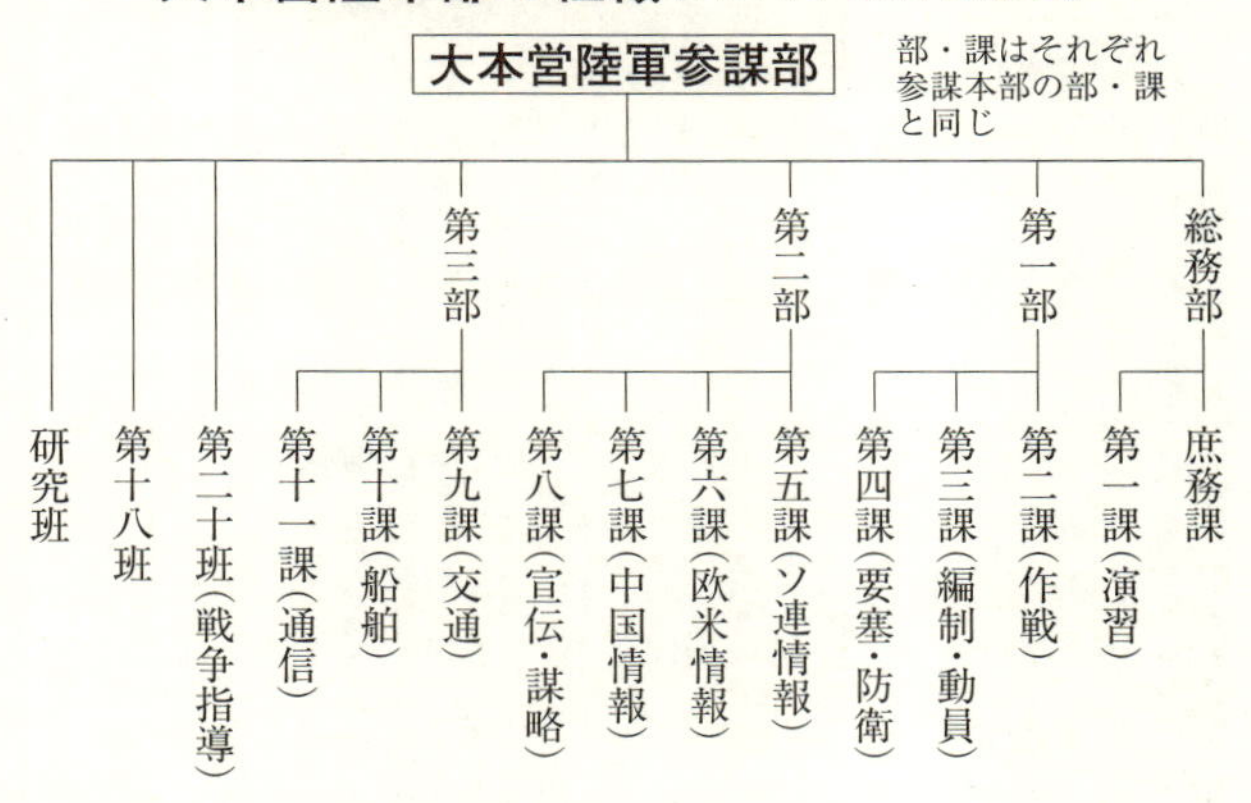

秦郁彦編『日本陸海軍総合事典』（東京大学出版会）などをもとに作成。

参謀本部作戦課の役割分担（1941年9月18日現在）

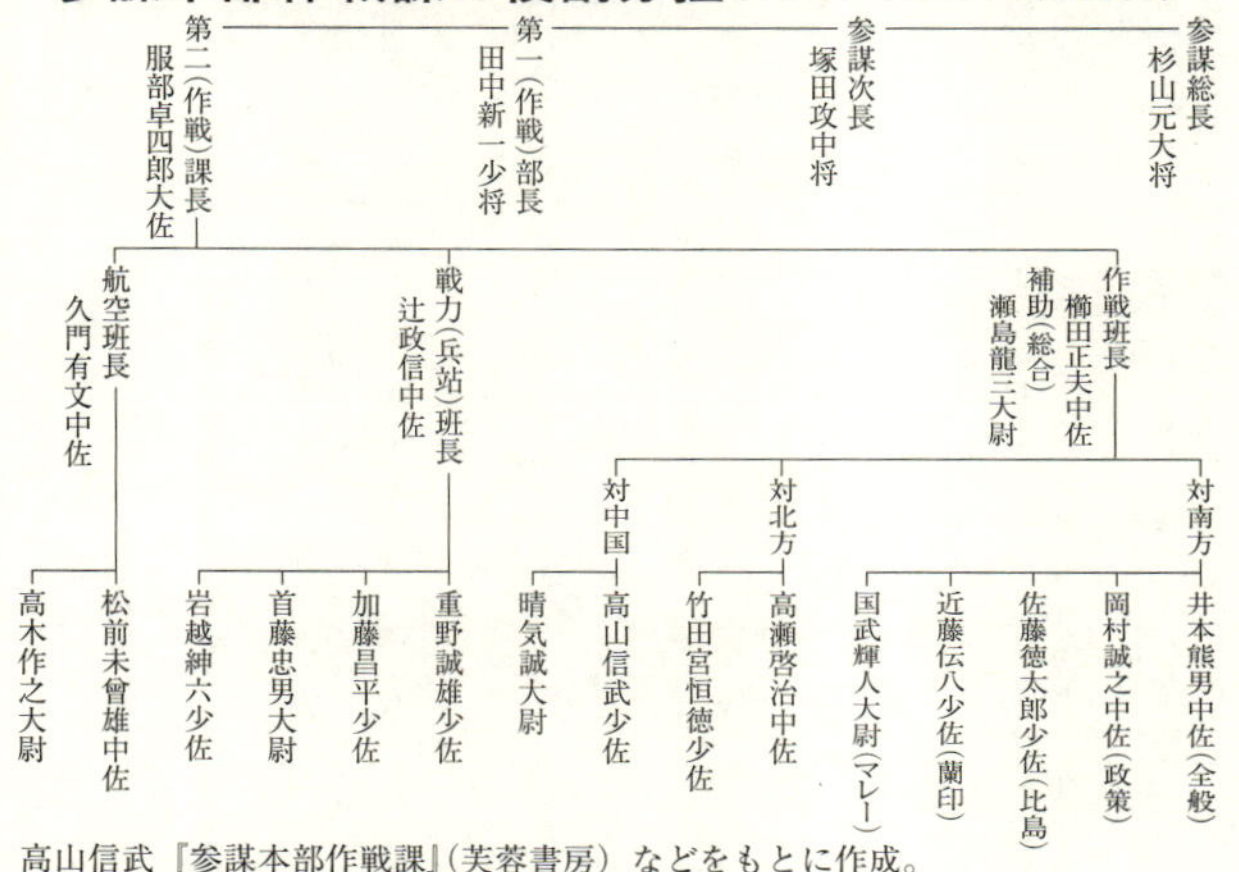

高山信武『参謀本部作戦課』（芙蓉書房）などをもとに作成。

主要人事変遷

		1940年（昭和15年）	1941年（昭和16年）
内閣	総理大臣	米内光政（1/16～）　近衛文麿（7/22～）	近衛文麿（7/18～）　東条英機（10/18～）
内閣	外務大臣	有田八郎（1/16～）　松岡洋右（7/22～）	豊田貞次郎（7/18～）　東郷茂徳（10/18～）
陸軍	大臣	畑　俊六（1939年8/30～）　東条英機（7/22～）→	→
陸軍	次官	阿南惟幾（1939年10/14～）	木村兵太郎（4/10～）
陸軍	軍務局長	武藤　章（1939年9/30～）→	→
陸軍	軍事課長	岩畔豪雄（1939年2/10～）	真田穣一郎（2/5～）
陸軍	軍務課長	河村参郎（1939年12/1～）	佐藤賢了（3/1～）
参謀本部	総長	載仁親王（1931年12/23～）　杉山　元（10/3～）→	→
参謀本部	次長	沢田　茂（1939年10/2～ 1940年11/14）　塚田　攻（11/15～）→	→
参謀本部	作戦部長	富永恭次（1939年9/13～ 1940年9/28）　田中新一（10/10～）→	→
参謀本部	作戦課長	岡田重一（1939年10/12～）　土居明夫（9/28～）	服部卓四郎（7/1～）
海軍	大臣	吉田善吾（1939年8/30～）　及川古志郎（9/5～）→	→　嶋田繁太郎（10/18～）

凡例

座談会内で引用される史料は旧字、片カナで書かれている。読者の便を考えて常用漢字、平かなに直した。また、原文には句読点、ルビなどを適宜補い、誤字・脱字なども正した。（ ）は原文の註、〔 〕は今回新たに補った註である。原文では「37期種村佐孝」のように、陸軍士官学校を卒業した期が表記されていたが、すべて（ ）内に収めた。また、原文に表記のない場合は補った。ちなみに37期は大正十四年卒、40期が昭和三年卒である。

第一章　三国同盟

積極的ではなかった陸軍

昭和十一年（一九三六年）	十一月二十五日	日独防共協定が締結される。
昭和十二年（一九三七年）	七月七日	盧溝橋事件が起こる。（日中戦争〈支那事変〉が始まる）
昭和十四年（一九三九年）	五月十一日	ノモンハン事件が起こる。
	八月二十三日	独ソ不可侵条約が締結される。
	八月三十日	平沼騏一郎内閣が倒れ阿部信行内閣が誕生する。
	九月一日	ドイツ軍がポーランドに侵攻する。（第二次世界大戦が勃発する）
昭和十五年（一九四〇年）	一月十六日	米内光政内閣が誕生する。
	六月二十二日	フランスがドイツに降伏する。
	七月二十二日	第二次近衛文麿内閣が誕生する。
	九月七日	ドイツのスターマー特使が来日する。
	九月十三日	海軍が三国同盟に賛成する。
	九月十九日	御前会議で三国同盟が採択される。
	九月二十七日	日独伊三国同盟が締結される。

世間は三国同盟を誤解している

加登川〔司会〕　原四郎君は、〔防衛庁防衛研究所〕戦史室の公刊戦史で例の五冊本の「開戦経緯」〔正しくは『大本営陸軍部　大東亜戦争開戦経緯』朝雲新聞社〕という膨大な史料を書いておられますが、われわれの立場は、あくまで読者で、この問題について全く、しろうとであります。

原さんが、しばしば「私は昭和六〔一九三一〕年に軍籍に入ったのだけれども、アメリカと戦争するなんて、夢にも思ってもみなかった」と言われたのが、私には非常に印象的だったんですが、列席の皆さんの大部分もそうだと思います。そして、皆さんの大部分は、敗戦以後三十年間に、陸軍がボロクソに言われていることにいろいろな感じは持っておられると思いますけれども、一体、何が問題であるかということが、よく解らない。

私なんかでも、何に問題があって、どこに反論すべきことがあるのだということが解れば、それを、また勉強しようという気も起きるんですが。とにかく、総体的に見て解らないというのが、恐らく一般の読者とて、同じ感じではないかと思う。

したがって、三国同盟の推進者は誰なのか、陸軍だけが悪いと言われているが、果たしてそうなのか、といったような設問を見た場合、われわれには、よく解らんのです。

そこで、まずこうした点にしぼって、お話しを願いたい。どこに問題があるのかということをご研究になっている皆さんの側で、現在、こういうふうに言われ、定説のようになっていることが、そのとおりなのか、私はできるだけ、そういうことを聞かせていただきたいと思います。

読者の方々としても、そういうところに本当の興味があるのではないかとも考えます。原さん、まず、「日独伊三国同盟政策の功罪」というところの概要説明をやっていただきましょう。

原　ごく簡単に申し上げますと、日独伊三国同盟問題については、非常に世間に誤解があるんです。それは、日独防共協定の強化問題と、実際に三国同盟が締結せられた問題とは区別して考えなければならんということです。そこで、三国同盟問題は、三段階に分けることができます。

第一段階は、防共協定の締結です。昭和十一〔一九三六〕年十一月に締結された共産インターナショナルに対する日独協定、これは共産主義の防衛のための日独防共協定ですが、実はその中に、秘密付属協定があります。

〈解説〉二・二六事件後に組閣された広田弘毅内閣が締結した日独防共協定について、簡単にふれておく。話はナチス・ドイツの党外交担当のリッベントロップ（昭和十三年に外相就任）が、昭和十一年夏の初めころ、ドイツ駐在陸軍武官の大島浩大佐に攻守同盟を提案したときにはじまった。当時、ソ連極東軍の強大化で対ソ戦略に頭を痛めていた陸軍中央部には、この話は渡りに船の誘いであったのです。さらにこの年の六月九日、駐ドイツ日本大使の武者小路公共がヒトラー総統にこういわれたという報も送られてきます。「自分は日本と協調していきたい。自分は共産主義と妥協することなく戦うことが、ヨーロッパを救う唯一の道であると心得ている」

　ヒトラーの考えがそうであるなら、そのドイツと対ソ軍事同盟を結ぶことで東西からのソ連挟撃態勢をつくることは、大日本帝国にとってはまことに妥当な戦略であり政略である。そう考える軍部と政府がぜん乗り気になる。あとの細かい交渉経緯は略しますが、こうして十一年十一月二十五日に結ばれたのが、いわゆる日独防共協定であったのです。

原　第一条は、ソ連から挑発にあらざる攻撃、または挑発にあらざる攻撃の脅威を受けた場合、他方はソ連の地位について負担を軽からしむるがごとき効果を生ずる一切の措置をとらない。要するに、日本とロシア〔ソ連〕との間に問題が起きたときに、ドイツはソ連の負担を軽くするような行動はとらないという、軍事秘密協定なんです。

そして、昭和十三年七月から十四年八月二十三日、いわゆる独ソ不可侵条約が締結せられて、平沼〔騏一郎（きいちろう）〕内閣が「欧州の情勢は複雑怪奇なり」と言って退陣した、あの時期までの間に、防共協定の強化問題というのがあるわけです。

それは、秘密付属協定を強化する問題です。すなわち、日独伊間に軍事同盟を締結し、日本とイタリアとの間に対英牽制協定を締結するという問題が起きたわけです。

〈解説〉昭和十四年一月五日、平沼騏一郎内閣が発足してすぐに直面したのが、日独防共協定の強化の問題でした。イタリアを加えての三国同盟で、これもヒトラー・ドイツからの提案によるもので、陸軍は中国をめぐって対日強硬政策をとりつつある英米を牽制するために、さらにソ連という年来の宿敵に対抗するためにも、協定強化には賛成します。が、これに「待った」をかけたのが海軍大臣の米内光政（よないみつまさ）、同じく次官

の山本五十六、それと軍務局長の井上成美（しげよし）。この三人が真っ向から三国同盟に反対します。このため平沼内閣は関係閣僚五人による五相会議を実に七十五回も開きましたが、何もきめられずにすったもんだしたのは、おそらく多くの人の知るところでありましょう。この海軍トリオの活躍が戦後にがぜん有名となり「海軍善玉説」の基礎をつくったといえます。とくに山本五十六の反陸軍的発言の数々がのちのちまで陸軍中央部全体からの憎しみをかうことになったといえます。

原　ところが、ドイツ側は、同盟の対象を英仏に拡大することを要求するし、日本側はソ連一国に限定するというふうに、話の初めから、逐次、問題が複雑になって、結局、英仏をも含む軍事同盟ということになるわけですが、武力発動に関しての問題について、陸軍、海軍、外務との間に非常な対立が生じまして、長い間、小田原評定を続けている間に、独ソ不可侵条約ができた。

それで、防共協定強化問題は一切ご破算になったわけです。それが、昭和十五年九月二十七日になって、三国同盟が結ばれます。この二者の間には明瞭な区別があるのであって、この前の十五年七月二十七日の「時局処理要綱」において、「独伊との政治的結束を強化し、対ソ国交の飛躍的調整を図る」という国策の決定に基づいて、新たに始まった問題が、日独伊三国同盟なんです。独伊との政治的結束強化とは何かというと、対英政治同盟を結ぶということに過ぎないんです。

〈解説〉「時局処理要綱」(正式名称は「世界情勢の推移に伴う時局処理要綱」)をめぐっての陸海軍の事務当局の主要参謀たちの討議・調整について、公刊戦史はこう記しています(『大本営陸軍部(2)』朝雲新聞社)。

「陸軍案は対英一戦を期待し、多分に英米可分の情勢を設想しているのに対し、海軍は英米不可分を情勢判断の基調とし、対米長期戦には自信がなかった。そこで海軍は支那事変(日中戦争)が終了すると否とにかかわらず、対米戦争を賭するような南進はやらない腹構えであった。しかし英米可分の好機が到来するならば対英一戦をも辞せない気構えは十分あったのである」

いずれにせよ、かなり同床異夢の意見の喰い違いがあったのは明らか。にもかかわらず「要綱」は対ソ対英については意見一致をみて成立し、七月二十七日に大本営政府連絡会議に提出され、これを国策として採択することがきまったのです。

松岡外相が推進した

原　ところが、それが、十五年九月四日に至って突如として対米軍事同盟に変わってしまうんです。それは、誰がやったかというと、松岡〔洋右（ようすけ）〕外相の胸三寸によって、対英政治同盟が対米軍事同盟に変わるわけです。そして、松岡外相の工作によって、ドイツからスターマー特使が来日しまして、九月の九日、十日、十一日の僅か三日間で、電撃的に対米軍事同盟が成立します。

海軍は、九月三日に吉田〔善吾（ぜんご）〕海軍大臣が神経衰弱で入院されまして、同五日に及川（おいかわ）〔古志郎（こしろう）〕海軍大臣が登場しまして、翌六日の四相会議に、これを提案されて原則的に了解したんです。そして、九月十二日に出来ました案について四相会議を開いた。

それに対して及川海軍大臣は、しばらく考えさせてくれ、ということで、考えた結果どこを直したかというと、混合専門委員会をつくるということと、交換公文において、攻撃せられたか否か、自主的参戦の余地を残すという字句を加えることによって、条約の本文は、なんら変更することなくこれに同意したわけです。

九月十五日には、日本海軍の首脳部会議が開かれまして、山本五十六も参加しますし、その他、軍事参事官以下、皆が参加しまして、原案に異存なしということになった。

〈解説〉海軍が日独伊三国同盟の締結をOKしたのは正式には九月十三日のことでした。及川古志郎海相、豊田貞次郎次官、阿部勝雄軍務局長、近藤信竹軍令部次長、そして宇垣纏作戦部長の五人がそろってその断を下したのです。ただし、彼等だけの責任ではなく、折からのヨーロッパでのドイツの電撃作戦に眩惑され、近藤次長や阿部局長をはじめ、戦争指導班長大野竹二大佐、岡敬純少将、富岡定俊大佐、さらには高田利種大佐、石川信吾大佐、神重徳中佐など課長クラスにも親ドイツ、対米強硬派がかなり多かったのです。

そして九月十五日、首脳会議がひらかれ、及川海相によって同盟締結に対する海軍の意思表明の説明が行われたあと、伏見宮博恭軍令部総長以下の海軍首脳たちは寂として声なしの状態となりました。その静寂を破るように、及川海相をにらみつけながら、山本五十六が言い放った言葉はいまはよく知られています。

「私は海軍軍人として大臣にたいしては絶対に服従するものであります。ただし、一点心配に堪えぬところがあるのでお訊ねしたい。昨年八月まで、私が次官を務めていた当時の企画院の物動（物資動員）計画によれば、その八割は、英米勢力圏内の資材でまかなわれることになっておりました。今回三国同盟を結ぶとすれば、必然的にこれを失うはずですが、その不足を補うために、どういう物動計画の切り替えをやられたか、この点を明確に聞かせていただき、連合艦隊の長官として安心して任務の遂行をいたしたいと存ずる次第であります」

このまっとうな質問に及川海相は答えません。なお山本が発言しようとすると、海相は、「いろいろな意見があろうが賛成していただきたい」とぶつぶつと小声でいうのみ。そこに伏見宮総長が「ここまできたら仕方がないね」と賛成、つづいて大角岑生（おおすみみねお）大将が「軍事参議官はみな賛成である」と発言、これですべてが決した、ということになったのです。

陸軍の中堅参謀たちが当時はこの事実を知るべくもなく、戦後になっていろいろな文献などでわかったと思うのですが、本座談会での言及はありませんでした。

原　そして九月十六日、大本営政府連絡会議が総理官邸で行われて、十九日の御前会議で採択され、二十七日に調印ということになった。すなわち、誰が、この三国同盟のリーダーシップをとったかといいますと、松岡外相です。そして、これと緊密に連絡しておったのが近衛〔文麿〕公である。

〔原本註〕近衛公によって、そのころ、星岡茶寮〔東京・永田町にあった料亭〕で行われた月例会談に大島浩、白鳥敏夫、中野正剛、末次信正、徳富蘇峰、久原房之助らが参加。枢軸政策推進派と連絡をとって、近衛公自身は、組閣の大命が下ったときに、三国同盟政策に同意している。

要するに、松岡外相と近衛公とによって、対英政治同盟が対米軍事同盟に根本的に性格が変わってしまった。そして、それが電撃的に成立したというのが、日独伊三国同盟です。ですから、防共協定強化問題とは区別せらるべきものだと考えます。

陸軍は外務省を脅していない

原　三国対米軍事同盟の推進者は、誰か。陸軍と言われるが、果たしてどうかということを調べてみますと、陸軍は、確かに先の防共協定強化問題の際においては、板垣〔征四郎・16期）陸相を先頭に、堀場一雄（34期）、臼井茂樹（31期）、岩畔豪雄（30期）らの猛者が後ろにつきまして、強硬に防共協定強化問題を推進しました。

　しかし、このときの三国軍事同盟問題については、陸軍の事務当局は全然タッチしていないんです。事務当局は八月六日までタッチしています。すなわち、高山彦一（34期）――軍務課の外交班長、種村佐孝（37期）――第二十班〔戦争指導班〕の班員は、八月六日まではタッチしています。八月六日では、性格は対英政治同盟です。これには、七月十二日案、十六日案、二十四日案、二十七日案、三十日案、八月六日案などがあります。しかし、八月六日以降は、事務当局は全くタッチしていません。

　事務当局が外務省へ行って、外務当局を脅かしたというようなことを書いた本もありますが、私は、いろいろ研究しましたが、それは事実ではありません。

　大島（浩・18期）さんと臼井茂樹さんとが、何かのつながりがあったということは、大島さん自身が「全然関係ない」と言われました。これは、全く政府首脳、外務大臣および近衛文麿の後押しによって、対英政治同盟が対米軍事同盟となって採択された、松岡の胸三寸によって決まったと言っても過言ではないと思います。

〈解説〉 松岡外相の構想とは？　いまはいろいろな史料で知ることができます。
「まず三国同盟の成立をはかる。次にこの同盟の威力をかりて日・独・伊・ソ四国協商の実現をはかる。その際、とくにドイツのもつ『対ソ影響力』を活用して、ドイツをして日ソ国交調整にあっせんの役割を担当させる。さらに『四国協商』が成立すれば、この提携の力の威圧を利用して対米交渉に乗出し、諸懸案の妥結をはかると同時にアメリカをしてアジアおよびヨーロッパでの干渉政策から手を引かせ、同時にこれらの地域での平和回復に共同努力することを約束させる。なお、この間三国同盟および四国協商の力で英米を牽制して、日本の南進政策を推進する。こうしてヨーロッパ・アジア・アフリカで四国間に生活圏を分割し、世界新秩序を樹立する」（日本国際政治学会太平洋戦争原因研究部編『太平洋戦争への道』第五巻、朝日新聞社）
いやはや、なんという大風呂敷よ、というほかない大構想がそれです。しかし、松岡の弁舌によって、時の近衛文麿内閣も軍部もこの大構想に乗ったのです。実現が可能であるとの夢想をして。

原　近衛公に大命降下した場合に、鈴木貞一（22期・大東亜戦争開戦時の企画院総裁）が電話して、「例の問題はペンディング（未決定）にしておくが宜しい」と言ったところが、近衛公は、「いや、松岡君も入閣する。あの問題をペンディングにしておいては、組閣も出来ないし、時局処理も出来ない」と言っています。

それから、富田〔健治（けんじ）〕内閣書記官長に私が聞きますと、「近衛公の頭の中にあった問題は、新体制問題と三国同盟問題で、そのほかは馬の耳に念仏で、これは単なる政治協定ではなくして、軍事同盟までいくと、自分は考えておった」と言っています。

私は、陸軍が——対ソ防衛の主役を任ずる陸軍が、東西二正面戦争を強いることによってのみ、ソ連との戦争が考えられるという、国防政策的な立場から、ドイツとの提携を推進したということは、底流思想として、ずうっとあったと思います。

けれども、あの欧州戦局激動の最中において出来た、この軍事同盟は、政府首脳によって行われたというのが、私は間違いないところだと思うんです。これに対して、世論の影響もあったと思います。圧倒的枢軸一辺倒のその影響もあったと思います。

陸軍内にいた推進論者は誰か

杉田　原君が言った、松岡外務大臣が三国同盟を推進したということは、僕も、そうだと思います。ただ、それに至るまでに、陸軍では臼井〔茂樹〕大佐、あとから大使になられる大島さん、軍事課の岩畔さんが、三国同盟に対する強い推進者であったのではないか。それが、松岡さんなり、近衛さんに、いろいろの筋を通っていった可能性があるのではないかという感じが僕はします。

それは、僕はアメリカから帰りまして、当時、昭和十四年の春、三国同盟問題についての五相会議が盛んに行われたころです。

私がアメリカにおって、イギリスに行ってヨーロッパをずうっと旅行して帰ってきて、世界情勢を判断するに、近い将来にヨーロッパで戦争が起きる。その折りに日本が三国同盟を結んで、他人の喧嘩するところに踏みこむのは、日本の国策上、適当でないというのが結論でした。

それで、支那事変の処理に専念するのが、日本の行くべき道だという結論を書いて、陸軍省と参謀本部に配布したんです。その折りに、樋口季一郎（21期）さんが私の部長〔当時、杉田氏は参謀本部第二部に所属していた〕で、それから呼ばれて、しこたま叱られました。なぜかというと、三国同盟をやろうとしている場合に、このような書類を出すのは、結局、三国同盟に入るなという結論ですから、その書類を取り返せと、非常に叱られたことがあります。

その樋口さんの裏に臼井さんがいて、当時の謀略課長〔参謀本部第二部第八課〕で、われわれの知らない電報をドイツに打つわけです。そして、相互に電報を打って、三国同盟にもっていくような空気をつくられる。私はイギリス関係で、イギリス班長とアメリカ班長を兼ねていましたが、イギリスの僕にも、いろいろ関係があるのだから見せなければならん電報を、ドイツに打ってある。

それでは、私は英米班長は務まらんから辞めさせてもらおうとしたことがありますよ。とにかく、私の受けた感触は、大島さんと臼井さんと岩畔さんという人達の間で、いろいろの下地が出来たのではないか。それが、松岡さん、近衛さんに通じていたという関係があるのではないかという感じを、私は当時から持っています。

今回、出席しておられませんけれども、西郷従吾（じゅうご）〔西郷従道（じゅうどう）の孫・36期・中佐〕さんが当時の〔参謀本部の〕ドイツ班長だから、その機微な点は西郷さんが握っていると思います。しかし、西郷さんから、そのことについて余り聞いていていません。

対イギリスが目的だった

原　大島大使が向こうを辞めて帰るときに〔昭和十四年十月〕、大島・リッベントロップ〔外相〕との間に秘密情報路線があるんです。大島さんが、オットー大使〔駐日ドイツ大使〕に手紙を書けばそれを開封することなくリッベンに届ける。あるいは、何か言えば、オットーが電報でリッベンに通ずるという、大島・リッベンの間に、路線をあえて設定しています。

大島さんが日本に帰ってきて、その路線を使ったかどうかというと、一ぺんも使わなかったといいます。ただ、大島さんが軍事視察団長としてドイツへ行くということで、候補に立てられたときに、「自分が軍事視察団長として行くことについて、ドイツ側の意向は、どうか」と、その路線を使って聞いたそうです。それ以外、一切やっていないといいます。いま、杉田さんのおっしゃったように、大島さんや白鳥〔敏夫〕は、枢軸派の政治首脳と月例の茶話会を開いて、枢軸同盟の推進を独ソ不可侵条約締結後でもやっているということは、事実だと思います。

しかし、参謀本部や陸軍省の事務当局が、その問題を、どう取り扱ったかというと、八月六日案までに関する限りは、対英政治同盟である、軍事同盟ではないわけです。そして、十五年の七月四日に、海軍側に「時局処理要綱」を初めて提示したときに、作戦課長〔岡田重一（じゅういち）大佐〕が、いろいろ説明しています。また、第八課長の臼井さんも説明していますが、その説明した内容が、海軍側の第一部直属のところに文書として残っています。

その中に、もしも、日本側が「時局処理要綱」の精神にしたがって、好機を捕捉して武力を行使するような場合には、独伊軍事同盟に入るのだということを言っています。

それから、七月二十二日に、陸海軍の首脳会議が水交社で行われまして、「もし、ドイツ側が軍事同盟を要求してきた場合はどうするか」という問いの出た時に、軍務局長の武藤章（25期）は「そういう場合には受けるつもりだ」ということを言っています。けれども、これは海軍側がハッキリした態度を取りませんでしたので、向こうが言ってきた場合に、また、改めて話をしようということで、独伊との政治的結束強化の内容については、余りダメを詰めないで、「時局処理要綱」を採択しています。

そして、武藤局長の言った軍事同盟なるものは、やはり、対英政治同盟を、対英軍事同盟にする、主なる対象を英国とする軍事同盟であったと思います。

それが、松岡によって対米軍事同盟、主なる対象が米国に変わってくる――それは私は間違いないと思います。

山下奉文視察団、ドイツへ行く

高山　私、軍事同盟の、じきあとに、山下視察団に随行してドイツへ行っています。向こうへ行って、いろいろ聞いた印象と、出発する前に、こちら側で参謀本部なり、陸軍省なりで、いろいろ状況を聞いた印象とを申し上げますと、まず第一に、日独伊軍事同盟については、日本側が提案者なのか、ドイツ側が提案者なのか、その辺に一つ問題があると思います。

〈解説〉三国同盟締結は確実とみた陸軍中央部は、折からヨーロッパ戦線で電撃作戦の快進撃をつづけるドイツ軍の装備や軍需施設への羨望を抑えきることはできない状況にあった。そこで視察団を送りこんでそれを実際に調べようとの必要性を、同盟締結のためにも強く望んだのです。とくに前年（昭和十四年夏）のノモンハン事件で、ソ連軍がくりだしてきた機甲部隊に蹂躙されて弱点をさらけだした陸軍にとって、その視察は実り多いものと期待されました。

八月、派遣をドイツに申し入れ承諾をえて結成されたのが、ときの航空総監兼航空本部長の山下奉文(ともゆき)中将を団長とする山下視察団でした。もっとも裏に、山下を長期間にわたって中央部から遠ざけておきたい、とする山下嫌いの東条英機陸相の工作があった余計な派遣という説もあります。一行が日本を出発したのが、十二月二十二日、帰国したのが翌十六年七月七日。そのときにすでに東条によって、山下のシンガポール攻略部隊の軍司令官への転勤が画策されていたことでも、あるいはその説は正しいとみることもできます。

高山　私の感じでは、むしろ、ドイツ側の方が熱心だったのではないかと思います。というのは、向こうへ行っていろいろ話を聞いて感じましたが、当時、ドイツは対英本土上陸作戦を計画していまして、現実に空中戦をやっておったのですから、その際、アメリカに欧州戦場に加入されては困るという印象を強く持っておったような気がします。

そこで、さっき原さんからも言われましたが、当初、日本側としては、対英政治同盟であったのが、対米軍事同盟に変わったというのも、その辺に、一つの大きな理由があるのではないかという気がします。

それから当時の日本の参謀本部や陸軍省の空気としては、杉田さんから、先ほどお話がありましたけれども、第八課長の臼井さんのほかに、ドイツ班では日独伊軍事同盟などについては、非常に熱心だったような感じがします。

したがって、ドイツ側の提案を受けたか、あるいは参謀本部ドイツ班として積極的に動いたか否かは別として、相当、乗り気ではあったような印象を受けました。

だから、対英政治同盟が、対米軍事同盟に変わったということ、それから、ドイツ側が非常に真剣で、日本側もこれに応じたということは、私は大筋として間違いないのではないかと思います。

日本としては、当時、支那事変遂行の最中だったのですから、アメリカに、あるいはイギリスに、蔣介石を援助されては困るということがありますので、少なくとも、極東においては米国に対支援助をさせない、介入させないというために、日本の参謀本部ドイツ班としては、非常に乗り気になって受けたのではないか、また参謀本部全体としても、そういう傾向から考えて、三国同盟には乗ったのだろうと思います。

しかし、さっきから話がありましたが、推進者が誰かということにつきましては、私は松岡外務大臣に間違いないと思います。

陸軍は、どっちかというと、受けて立ったような感じであって、これは、私どもが向こうへ行っている間にも、松岡外務大臣が、ソ連に寄り、ドイツに寄って帰ったんですけれども、松岡さんは非常にドイツ礼賛者でして、大島大使にある程度相談され、意見を聞かれたこともあるかもわかりませんが、ほとんど、ヒトラーやリッベントロップと会って自分で決めてしまうという性格で、ドイツの大使館付武官室でも驚いているくらいです。

だから、松岡さんが主なる推進者であるということは、私、間違いないと思います。

参謀本部はドイツを信じ込んだ

杉田　今のところで、ドイツが三国同盟の主張に非常に熱心であったということは、そのとおりだと思います。ドイツは、アメリカがヨーロッパ戦争に入ることを、非常に懸念しているわけです。そこで、ドイツの言い分は、日本と三国同盟を結べばアメリカはヨーロッパ戦争に入らないで孤立するというのです。
われわれ、アメリカの方を見ている者は、三国同盟を結べば、アメリカが戦争に入るという見方です。ドイツと、参謀本部の推進派の、こうした見方に対して、私などの見方は全く反対なんです。ところが、参謀本部の大体の見方は、リッベントロップなり、ドイツの言い分を非常に受けておるんです。それで三国同盟を結べば、アメリカは戦争に入らない、孤立するという見方であった点に、この三国同盟を結ぶおりの根本の差異があるわけです。

結局、私から言わせれば、ドイツの謀略に乗ぜられたというか、それを信じ込んだ人たちが、非常に熱心でもあったし、ドイツとの三国同盟を推進するようになったという点があるんではないだろうか。

〈解説〉 大著『第三帝国の興亡』の著者のW・L・シャイラーの『ベルリン日記』（筑摩書房）の一九四〇年九月二十七日の項に、まことに意味深長な記載があります。「条約の核心は第三条で、次のようになっている。『ドイツ、イタリア、ならびに日本は、この条約を結んだ三カ国のうちいずれか一国が現在ヨーロッパ戦争もしくは日中事変に加わっていない一国の攻撃を受けた場合には、あらゆる政治的、経済的、軍事的手段をもって相互に援助を行うものとする。』／この二つの戦争に加わっていない大国は二つある。ロシアと合衆国だ」

しかしロシアつまりソ連は第五条ではっきりと除外されている。となると、三国同盟が〃敵視〃している大国というのはアメリカだけとなる。とシャイラーは見抜いた上で書いています。

「いったい日本がこれでどういう利益を得るのか、さっぱり分からない。なぜなら、もしわれわれが日本と戦うことになった場合、ドイツもイタリアもイギリス海軍を征服してしまうまではアメリカになんの危害も加えることができないからである」

このようにアメリカ人にとっては、三国同盟はすでにでき上がっている世界の秩序・体制に対抗し、新しい秩序をつくろうとする日本の戦闘姿勢を示すもの。アメリカ一国を〝敵国〟として、その行動を牽制する軍事同盟であり、アメリカ国民はこのときから、ナチス・ドイツにたいする不信感と敵意と不気味さとそっくり同じものを、日本および日本人にたいしてもちはじめました。それはまた、アメリカ国民に、中国大陸での戦闘における日本兵の暴虐と野蛮にたいする激しい憎悪をあらためて思い起こさせたのです。「ジャップ」という言葉が、多くのアメリカ人にとって「侵略的で残忍で嘘つきの黄色い小男」という意味をもつようになっていきました。

加登川　原さん、ちょっと伺いますが、陸軍側の主張していた対英政治同盟ということは、結局、どういうことですか。

原　要するに、陸海外事務当局が七月十二日以来、成案しましたものの内容を見ますと、一つは、英国に対して、どういう了解を取りつけるかというと、「日本はドイツの希望する内容を含む、東亜所在物資の取得に関しなし得る限り便宜を供与す」。二つは、「南洋を含む東亜における英国の勢力に対する圧迫を強化するとともに、独伊の戦争遂行を容易ならしむるため、なし得る限り協力す」ということです。そして、戦争遂行を容易になし得るために協議するという内容ですが、こちらの腹構えは、どうかというと、「東亜における英国権益の排除、示威（じい）および宣伝による協力、属領および植民地の独立運動支援等」と書いてあります。

対英武力行使に関しては、自主的に「時局処理要綱」の精神に基づいて決定する。条約の本文には、武力援助は、なんら謳（うた）ってありません。示威運動とか宣伝とか、独立運動を刺激するとか、そういうことによって、ドイツに協力するというのでありまして、方針として、外交上、経済上の支援を与えるということが原則になっています。

それから、参戦に対しては差しあたり応諾しないということが、ハッキリあります。だから、政治同盟の範疇（はんちゅう）に属すると考えるわけです。

ただ好機、武力を行使するという腹はあるんです。しかし、それは条約の中には入れないわけです。それは、自主的に決めるわけです。

南方問題解決のために武力行使するということは、「時局処理要綱」で決まっていますから、それを条約の中に、日本は入れないんです。

加登川　杉田さんや、高山さんのお話でも、軍事同盟を陸軍側で推進する者があったことは間違いないでしょう。ただ公式には陸軍としては、目標が当初はイギリスであったのだが、松岡外相がアメリカを目標に変えたのだが、話が独伊との同盟となってくると、それは直ぐ陸軍が張本人だろう、というふうにつながって考えられるわけですね。

もっとも、われわれは、こういう問題を聞くときに、当時の陸軍大臣や参謀総長がこう決心したというのでなくて、いや臼井さんがどうだ、岩畔さんがどうだ、という幕僚団の動きが陸軍の動きとして現われ、当時の陸軍の主体がどこにあったのか、「陸軍が」といわれる場合、何を指すのかと疑問を持つ話が噛み合ってくるものですから困るんです。

原　陸軍は八月六日以後は、一切、関知せしめられないんです。そして、九月六日の四相会議に初めて松岡外相から案を出されたんです。九月六日の案が出される前の日の五日、松岡構想の文章が、参謀本部にも配布されています。

それをドイツ班の山県(やまがた)〔有光(ありみつ)・山県有朋の孫・37期〕さんは見ているし、種村〔佐孝〕

さんも、それを見ています。

加登川　陸軍大臣、外務大臣を、責任者であるという立場からすると、もう、その時点からは上の人たちの問題であって……。

原　東条〔英機・陸軍大臣・17期〕も〔東京裁判の〕宣誓供述書に、「九月六日の四相会議に、突如として提案された」と書いております。それから、参謀次長〔沢田茂中将・18期〕は「全く知らない。九月十四日になって言われた」というんです。

加登川　政治同盟であれ、軍事同盟であれ、独伊と結ぶという趨勢(すうせい)云々には反対はないのだが、これを対米目的の軍事同盟としたのは、明らかに松岡であるということになるわけですね。

奥村　お話のとおりに、三国同盟の出来上がりのときには、確かに松岡がやったのだと思いますが、それに至る松岡とドイツとの関係の中で、陸軍の部内の一員としてではなく、個人として大島さんが、どういう役割をしたのか。大島さんは「回想」の中で、あれは俺がやったのだというようなことを言っておられるところがありますが、実際、どんなことを大島さんがやられたのでしょうか？

原　大島さんとリッベントロップの間に路線があったということは、さっきも申しましたが、実際に、その路線は使っていない。そして、大島さんは〔十四年に〕帰ってきて、まず参謀総長や、畑〔俊六・12期〕陸軍大臣に何か報告している。その報告に対して、畑元帥は、「気宇狭小であって駄目だ」と、『畑俊六日誌』に書いてあって、相手にしないんです。

陸軍の大島さんに対する態度は、ドイツ班の山県さんあたりは接触しておったかもしれませんけれども、臼井さんとは仲が悪くて「俺は、あれとは全然、話をしてない」と、大島さんは、おっしゃっておられます。大島さんは、白鳥と結んで、そういう動きをしておると同時に、スターマーは来ると、まず大島さんに会っています。そして、爾後スターマーと大島さんとは、緊密に連絡して三国同盟の締結には、大いに推進しておられます。

また、松岡外相にも大島さんは一度か二度呼ばれて、三国同盟問題について諮問を受けています。けれども、大島さんと陸軍首脳部との関係は、私は、ほとんどないと思います。事務当局との間にも、軽い連絡があるかもしれんけども、ない。概して陸軍においては、退職した陸軍軍人と現役の当局との間には、なんらのつながりがないというのが慣習で、その点は海軍と違います。

奥村　それは解りますが、大島さんとドイツ大使館との連絡について、何か、ご存じのことはありませんか？

原　ドイツ大使館は、大島さんに工作費を使わんかと言ってきたそうです。けれども自分は貰わなかったと言っておられる。

奥村　スターマーが来るようになった経過の中に、大島さんの役割があるのではないですか。

原　スターマーが来るようになったのは十五年八月一日に松岡外務大臣がオットー〈駐日ドイツ大使〉を呼びまして、長い間、大風呂敷を広げて会談をしたんです。その回答が八月二十四日、スターマー特使来訪ということになったので、これは八月一日の松岡外務大臣の動きによって来たわけです。

杉田　われわれが蔭で言っておったのは、「大島大使は、日本の大使ではなくして、ドイツの大使だ」と。とにかく、ドイツの言い分を日本に通ずるようにしておったことは確かだと思います。

〈解説〉月刊誌『文藝春秋』編集部で一緒に働いていた岡崎満義君の回想印象記『人と出会う』（岩波書店）に、大島浩から直接聞いた戦後の談話としてすこぶる興味深

いことが記されているので引用する。

「今でも私は、ヒトラーは天才だと思っています。（中略）当時は国家の勢力をどこまで伸ばすかで政治家の評価が決まっていたんです。その意味でいえば、やはりヒトラーはアレキサンダーやナポレオンにつぐ天才だと、今でも固く信じているんです」

もう一つ。

「日独伊三国防共協定は私が思いついて、ディッペントロップを通じてヒトラーに話がいった。（中略）イタリアへ行って彼〔ムッソリーニ〕に会いましたが、実に鋭い政治家、という感じでした。ひょっとすると、ナポレオンはこんな男ではなかったのか、と思ったものです。ムッソリーニにくらべると、ヒトラーは哲学者的な政治家、という感じがした。（中略）そのあと、三国同盟にソ連を引張り込もうという話になった。ヒトラーに働きかけてもらう。日本は北樺太の利権をソ連に返す。ソ連のイラン、イラク、インドへの侵入を認める、という条件を出したのだが、ソ連は南樺太の利権も返せ、ブルガリアのダーダネルスもほしい、イランやイラクなどは黙っていてもやれる、と言うので、ドイツもついにあきらめたんです。まあ、ソ連を引き込んでいても、多分、途中で脱退していたでしょうが」

ここまでヒトラーに惚れこんだ大島が、「あれは日本の大使ではなくして、ドイツの大使だ」と評されていたというのもわかろうというものです。

松岡案に抵抗を感じなかったのか

加登川　原さん、三国同盟の推進者は誰かということに関連してですが、松岡が突如として、電撃的に決めた。それについて「陸軍は松岡外相が対米にひっかけたことに抵抗を感ぜざりしや」ということ――つまり陸軍の幕僚団は、なるほど推進していたかもしれないけれども、この場合、陸軍の首脳部の態度は、どうだったのか、ここを、ちょっと伺いたい。

原　これは、誰も調べる人がいないんです。けれども、〔東条〕陸軍大臣は九月六日の四相会議で、直ちに同意しています。〔及川〕海軍大臣も、原則的に直ちに同意しています。そして、海軍大臣の真意は、いろいろの文書を見ますと、腹では同意していません。海軍は、腹においては三国同盟不同意です。けれども、世論に迎合して、世論の圧迫によって、今や同意せざるを得なくなって消極的に同意した。陸軍は、積極的に同意した方ですかな。

加登川　少壮幕僚団の総意の上に乗っかってかな。

原　少壮幕僚団側の、なんらの意見なしです。東条陸軍大臣の胸三寸によって同意している。参謀次長は、九月十六日に至って意見を聞かれています。九月十六日、大本営政府首脳の懇談が総理官邸で行われる、その直前になって、参謀次長は意見を聞かれています。

加登川　松岡さんのことになるのだろうけれども、「三国同盟の目的」の方へ進みましょう。

三国同盟の真の目的とは

原　よく言われていますのが、三つです。一つは新秩序建設のための結盟――これは、当日、出された天皇の詔勅、当日、出された内閣告諭、翌日の二十八日の〔近衛〕総理の演説――これは、中野正剛が起案した演説です。

それから九月二十七日に出された外務大臣談話、十月四日、〔外務省の〕須磨弥吉郎情報部長が放送した内容は、いずれも世界新秩序建設のための盟約である、ということを強調しています。現状打破勢力の結盟であるということを強調して、「正に昭和維新の大御代が明けた」というようなことまで、須磨弥吉郎が言っています。「世界的憲章の発布である」とも言っています。従来のような同盟と違うのだ、勢力均衡のための同盟とは違うのだというような、えらいことを言っています。条約の本文にも、「世界新秩序、東西新秩序建設を尊重する」という言葉が、第一条〔と第二条〕にあります。

日本側は、仏印〔仏領インドシナ=現・ベトナム、ラオス、カンボジア〕や蘭印〔蘭領東インド=現・インドネシア〕に対する主導権を握りたいという希望が前にあった。ところが、ドイツ側は、これまでのところ、これを余りハッキリ回答しないんです。じらすわけです。それは作意的に、じらした感がなきにしもあらずです。それを、この三国条約によって蘭印および仏印に対する日本の主導権をドイツが認めた、そこに日本の大きな利点がある。三国同盟の目的の一つは、そこに、あったわけです。

そして二つ目は、支那事変処理のための外交方略です。「時局処理要綱」には、南方問題解決と支那事変解決の二つのために、独伊との政治的結束を強化すると書いてあります。したがって、支那事変処理のための外交方略という狙いが、陸軍の中にもあることは明らかです。

松岡外務大臣は、「それが、主なる狙いであった」と言っている。三国同盟を、やがて日独伊ソ四国同盟に推進させてソ連の協力も得て、アメリカと国交調整をやって、支那事変を解決するということを、松岡外務大臣は、特に当時、強調するわけです。参謀次長もそういう意味合いにおいて、日独伊ソ四国同盟への発展を希望しておりますから、〝支那事変処理のための外交方略〟という狙いもあると思います。

三つ目ですが、九月十九日の御前会議の席上における内閣総理大臣近衛公と、外務大臣松岡の説明は、天皇の御前においてもっぱら「対米戦争回避のための条約締結」であるということを言っています。

深井英五（えいご）枢密顧問官が、「枢密院重要議事覚書」の中に、「松岡も近衛も、対米戦回避ということを盛んに言うが、これは表面をつくろっているのではないかと感じた」と書いています。そこで、これを天皇の御納得をいただくため、あるいは、世論の納得を得るために、対米戦回避ということを強く打ち出したのではないかという感じを持つわけです。

もっとも、陸海軍当局も、このころは、いつアメリカの全面禁輸があるかもしれん、全面禁輸になったら、アメリカとの戦争に自動的にならざるを得ないということで、対米戦争に対する危機感を、だんだんに持つようになっていますから、第三の対米戦回避のための方略ということを意図していない向きはないと思います。

けれども、「時局処理要綱」を提案した当時は、大英帝国崩壊という時期において、アメリカと日本との戦争は、そう考えていなかったと思います。締結されるころになれば、だんだんに、北部仏印進駐、その他の関連もありまして、くず鉄の禁輸がありますから、対米戦争の危機感が増大しており、そういう狙いも無視できないと思います。

私は、この三つの狙いがあって、一番大きなところは、支那事変解決のための外交方略というところに、松岡外務大臣の重点があったのではないかと思います。

〈解説〉 中国とのどろ沼の戦闘に手を焼いていた日本は、蔣介石政権が頑張れるのは米英ソなどの諸国が軍需品などの援助物資を、背後から輸送しているからだと考えていました。その援蔣輸送路（援蔣ルート）の一つに仏領インドシナからの仏印ルートがある。折からのドイツ軍の電撃作戦でフランスが降伏した（一九四〇年六月二十二日）。これを絶好の機会ととらえて、さっそく日本は強圧的にルートの全面閉鎖をフランスに承諾させました。あとは外交交渉によって相互協定を結ぶ、という段階にまで漕ぎつけたのです。

ところが、このとき参謀本部の作戦部長富永恭次少将が割り込んできます。時間がもったいない、平和進駐などくそ喰らえとばかりに、強引に日本軍を越境させ、たちまちフランス軍と衝突が起きたのです。平和交渉のため苦心していた現地の責任者は、このために窮地に立たざるを得なくなりました。そのときに東京に打たれた電文「統帥乱れて信を中外に失う」は昭和史に残る名言となったのです。九月二十六日のことです。北部仏印進駐のお粗末でした。そしてアメリカはその直後にくず鉄の禁輸という強硬政策で報復してきました。

本音は中国との戦争を止めるため

加登川　原さん、「そのころ、アメリカを軍事的対象として意識せしや」というのは、いま、あなたも触れられたが、しかし、この時期に無かったとしても、杉田さんが言われたように、そんなことをやったら、それが引き金になって、アメリカとえらいことになるぞという意見も、当然、あったわけですね。

原　これは、〔当時、参謀本部にいた〕高山さんや杉田さんに、私も、お聞きしたいわけです。陸軍作戦当局は、三国軍事同盟を結んだ当時、一体、アメリカを軍事的作戦的な対象として考えておったかどうか。私は、全く考えていなかったというふうに想像するわけです。そこで、三国同盟は単なる心理戦の範疇に過ぎないという、私の次の結論へ進むわけなんです。

杉田　三国同盟の目的は、支那事変処理のためではなかったかという感じですが、その基本をなすものは、ドイツが勝つということが第一なんです。

加登川　そうですね。ドイツが負けては元も子もない。

杉田　もう一つは、日本としては、どろ沼の支那事変にはまりこんで、抜け出そうとしても抜け出せないところに、何か新しい方法を見つけ出さなければならんという気持ちが出てきておったんだと思います。

加登川　ワラでもつかんだということになりますか。

杉田　そういう気持ちです。先ほど申しました、ドイツの対米戦回避ということが出来れば、こちらには、非常にいいものになる。対米戦に入ることになれば、支那事変なんて、どうなるか解らんということになってくるので、対米戦に入らないという口実が、日本には好都合になってきたわけです。

そこで、三国同盟の目的は、どこにあるかということになると、新秩序建設ということは言ったでしょうけれども、それは表面的なことで、実際は支那事変の処理に、どうしてもいい方法がないということが、ワラでもつかむという気持ちが、どこかに作用したんではないでしょうか。

それから、作戦的にいえば、アメリカに対しては、かねてからの作戦計画があったからフィリピンの二十万分の一の地図は全部できておった。グアムも、ちょっとした地図ができていた。

ところが、イギリスに対する準備が、ほとんどできていないんです。オランダに対する準備も出来ていない。というのは、三国同盟を結んだ直後に、戦争指導班にいた有末〔精三〕さんから、僕に、「マレーと、インドネシア方面の地図が、なんとかして手に入らないか」という相談があったんです。「それがために、金は、なんぼ出してもいい、ひとつ考えてくれ」ということがありまして、私は各方面に手を打ちまして、インドネシアの十万分の一の地図は、イギリスに、こちらから行っている菅波三郎さんに頼んで、オランダの骨董屋から、全島の地図を手に入れたんです。それが翌年の四月に、パナマ運河を通って、日本郵船の船でコッソリ日本に持って帰ってきたのを、私が埠頭からトラックに積みこませて陸地測量部に運び入れ、半年間かかって印刷したんです。

そういうことからしましても、イギリスに対する準備も、こうした状況なんだから、作戦課に計画があったかどうか知りませんけど十分な準備はなかったのではないだろうか。

加登川　そうすると、このころは、戦争の対象として、イギリスでさえそうなら、アメリカなんていうのは、全く考えていなかった。三国同盟は、結局、日米開戦には、えらい決定的な役割を演じたことになったけど、これを結んだ当時でも、陸軍はアメリカを相手にするなんてことは全然、考えていなかった、ということになりますか？

高山　私は、杉田さん、原さんのおっしゃるとおりだと思うんです。この三国同盟の目的という観点からいうと、ドイツと日本で少し違うような気がするんですよ。ドイツは、アメリカを戦争に引き込みたくないという感じが強かったと思うんです。日本も、対米戦争は回避したいという感じは非常に強かったと思うんですよ。

それならば、目的は何か？　ということになりますが、日本としては、むしろドイツの要求によって三国同盟に進んでしまった。しかし、日本として考えてみると、アメリカを疎外しておけば、支那事変解決も容易であるから同意をしたということであって、したがって、日本としての目的は、やはり支那事変処理のための一つの外交方略として考えたといったほうがいいのじゃないかと思うんです。

ドイツとしては、やはりアメリカを、しばらく疎外しといて、欧州で新秩序を建設しようということだったと思うんですが、ただその両者を通じて言えることは、私は松岡さんという人は、ドイツの言うことは非常に重視をして、悪くいえば、言いなりになったんじゃないかというぐらいに感ずるんです。

たとえば、当初、対英攻撃を非常に強調しておったというふうなことが、あとから出てくると思うんですが、松岡さんは、ドイツの意見を主にして発動したのであって、東条さんもそれに同意をしてしまった。しかし、日本としては、支那事変処理には、いいだろうという見地から、同意をしたということであって、さっきお話のあった対米戦争回避のための方略となると、対米戦争が考えられてのこととなるのだが、私は、アメリカと戦争しようなんて考えは、当時は毛頭なかったと断言していいと思います。

アメリカとの戦争回避も目的だった

奥村　日米国交調整というのは、私は事変処理だけではなくて、対米戦争回避のものでもあるんで、松岡自身は、日米国交調整を主として三国同盟を結んだのではないかと思うんですが……。陸軍の考えでは、事変処理が非常に重要なものとして前へ出てきますが、松岡自身は、日米国交調整、それによって派生する事変の処理、対米戦争回避と考えたというふうに、私は考えるんです。

原　そういう意味ですね。

奥村　ですから、やっぱり、松岡の頭の中では、日米国交調整のほうが最重要な問題点として出てきていたと思うんです。

原　対米国交調整を通じて、彼の究極の狙いは支那事変を解決したいと……。

奥村　そういうことだと思います。そして先ほど原さんのお話がありましたように、日独伊のほかにソ連を入れて、いわゆる陸の勢力の統合によって、アメリカ、イギリスに対抗するという考え方で、その日米国交調整ということが、最大の松岡の狙いであったというふうに考えます。

杉田　善意に解すれば、そういうことも言えるかと思うけれども、私は、当時の空気からすると、外務省の中の空気からしても、——戦後、そういうような意見は、チョッチョッと出ておるように思いますけれども——松岡さんが、はたして、そこまで、この時点で意図しておったのか、そこに、若干の疑問は持ちますね。

原　松岡さんが御前会議の席上で、この三国同盟は自動的参戦だと、これはハッキリしなきゃいかんということを言うてるんです。

同時に自分は、しかし、絶えず対米国交調整の機会は狙っとって、機会が来たならばこれをやるんだということをハッキリ言ってる。「それがためにも、強く出なきゃならん」。強く出るためには、自動的参戦という態様を条約に整えなければいかん。「それが、最大の狙いであります」ということを、御前会議の席上、言うとるんです。だから、対米国交調整を十分考えておったということが、ハッキリ現われているんですがね。

それで、戦後、加瀬俊一（としかず）〔松岡外相秘書官・外務省北米課長〕が、いろいろそういう文献を出しており、そういう証拠も、いろいろ出されています。富田〔健治〕内閣書記官長は、三国同盟は、日米交渉の伏線であったとこう言うんです。はっきり……。ただし、どちらも戦後ですがね。

杉田　加瀬君は、松岡さんについてドイツへ行ったりね、アメリカ課長ですから、重光葵（まもる）〔のちの外務大臣〕さんについたり、非常に器用に三国同盟についたり、こちらへついたりするほうなんです。

陛下が、今まで条約をつくられた中に、詔勅を出されたことは、この三国同盟の折が初めてですわね。それは陛下が、やはり対米戦争というものになるんじゃないかという懸念を持っておられた。松岡さんも、よく陛下の気持ちというものは解っておったんじゃないか。それで、「対米調整とか、そういうようなことに一所懸命やります」ということは、陛下に申し上げたりなんかしたんじゃないかと思うんです。陛下の詔勅が出たということが、非常に重大な意味を持っておるということだけは、やはり、これは隠せない事実だと思います。

〈解説〉『昭和天皇実録』九月二十四日の項より。「内大臣木戸幸一をお召しになり、四十分にわたり謁を賜う。その際、宮内大臣に調査させた結果として、日英同盟の時に宮中では何も執り行われなかった旨を述べられた上で、今回の独伊両国との同盟締結につき、その時とは異なり情勢の推移によっては重大な危局に直面するため、親しく賢所に参拝して奉告するとともに、神の御加護を祈りたいとの思召しを示され、内大臣の意向をお尋ねになる。内大臣は、宮内大臣とも相談の上、十分お気持ちが満足されるよう取り計らうべき旨を奉答する」

昭和天皇が三国同盟をいかに危惧していたかが察せられます。

同盟は締結と同時に死んだ

加登川　原さんが「三国同盟は、しょせん心理戦の範疇に属せざるや」と考えられるのは、今の松岡の強く出た手の一つだという意味ですか？

原　この条約では、混合専門委員会をつくることになっておるんですが、陸軍が混合専門委員を任命したのは、年末なんですね。実際、有名無実なんです。それから、自動的参戦という問題に関する陸軍の態度についていうと、陸軍も自動的参戦は回避という、一貫した考えなんです。海軍は、全く不本意ながら結んだのであって、それは自動的参戦回避という交換公文が附いたから同意したんだと、こういうことであります。

そして、こういうことがあるんです。海軍は混合専門委員に野村直邦海軍中将を直ちに選定してドイツに、軍務局長であった阿部勝雄少将をイタリアに派遣したんですね。野村中将は、支那方面艦隊の北のほう、第三遣支艦隊長官ですが、ドイツへは大島大使に並び称される程度の大物を派遣するという狙いで野村中将を直ちに派遣したんです。ところが陸軍の方は、武官をして兼任させているんですね。全く、熱意ないんですよ。

これを要するに、海軍は一所懸命やりましたが、陸軍は熱意なくして実際に混合専門委員会は出来ていないんです。話し合いなど行いたくないんです。開戦後にドイツとの間に軍事協定をつくる時に開いたぐらいなもんですからね。

ヒトラーは、イタリアを専門委員に加えると、秘密が洩れるというので、あまり重視しないんですよ。そういうこともあるんです。あるんですが、大体において熱意ないんですよ、陸軍は……。陸軍の熱意のあるのはモノをもらうこと、技術をもらうことなんですね。軍事的には何もないわけです。

海軍は、若干、早目にやりました。その海軍が自動的参戦回避というんです。全く海軍には〔ドイツの戦いに〕参戦する意思はないんです。洞ヶ峠（ほらがとうげ）ですよ。ですから、これは、心理戦の範囲なんですね。ドイツ側は、既に七月末に対ソ戦争の決意をしているわけです。三国同盟を結ぶ前に……。お互い、だまし合いっこということなんですかね。

〈**解説**〉ヒトラーが対ソ戦を決意したのは、諸史料をならべて検討してみると、昭和十五年十一月十四日である、とわたくしはみています（拙著『世界史のなかの昭和史』平凡社参照）。空軍総司令官ゲーリングや海軍総司令官レーダーが対ソ戦反対の意見具申をしてももはやヒトラーは動じませんでした。陸軍総司令官ブラウヒッチュは黙認、陸軍参謀総長ハルダーと国防軍最高司令部長官カイテルはやや消極的な反対意見をのべましたが、結局は彼らも反対することをやめました。

こうして、ヒトラーが対ソ戦にたいして具体的な命令を発することになります。十二月十八日「戦争指令第21号」がそれで、作戦名は〝バルバロッサ〟。神聖ローマ帝国皇帝フレデリック一世の別称で、「赤ひげ」と呼ばれた名君を意味します（翌年六月二十二日にドイツ軍はソ連領内への侵攻を始める）。

つまりはこの日、日本の指導層が〝もっとも輝けるとき〟紀元二千六百年の祭典で描いた夢想（日独伊ソの四国協商の威圧をバックとする対米交渉。そして東亜新秩序）が空に帰したときであったのです。

加登川　それで、あなたは「〔三国同盟は〕締結と同時に死文化せざりしや」という意見になるわけですね。

原　三国同盟は、締結と同時に死んでる。その精神がないんですから、海軍には……やる意思がないんですから。

杉田　話題に「混合専門委員会に対する熱意、関心如何」というのがあるけれども、軍事的には、委員会をつくっても、やることがないということが前提じゃないの（笑）。あれば、やるでしょうけど、ないんだから、初めから……。余りにも離れとってね（笑）。

加登川　これは要するに、つまらんものを結んだなということになるわけですね。

杉田　そうそう……。

中原　技術的には多少あったんですよ。いいものをもらいましたから。図面をもらって非常に役に立ったんです。「タ弾」（対戦車用の成形炸薬弾）なんか、向こうのやつですからね。あれは、潜水艦に積んで図面を持ってきました。あれは、戦車で非常に役に立ちました。

加登川　しかし、実際問題として、ヒトラーが昭和十五（一九四〇）年七月のうちにソ連へ向けて攻撃をする決心をしとるなんてことが、史実として解ってしまったあとになってみると、ほんとに、バカみたいなもんだね、これ……。

原　次の話題に関連するんですが、ソ連が、これに加わったとすると、非常に意味があると思うんです。

加登川　ところが、ヒトラーは七月のうちに対ソ攻撃を決心しておって、あとは誰も知らんというのだからね。原さん、ついでにソ連に関連するほうへ進んで下さい。

四国の提携は可能だったのか

原　当時、リッベントロップの腹案は、日独伊を一方とし、ソ連邦を他方とする取りきめを作成し、第一に、ソ連は戦争防止、平和の迅速なる回復の意味において、三国条約の趣旨に同調することを表明し、第二に、ソ連は欧亜の新秩序につき、それぞれ独伊および日本の指導的地位を承認し三国側は、ソ連の領土尊重を約し、第三に三国およびソ連は、おのおの他方を敵とする国家を援助し、または、かくのごとき国家群に加わらざることを約す。

このほかに、日独伊ソ、いずれも将来の勢力範囲として、日本は南洋、ソ連はイラン、インド方面、ドイツは中央アフリカ、イタリアには北アフリカを容認する旨の秘密了解を遂げる。というのが、「リッベントロップ腹案」の内容なんです。

これが、昭和十五年の十一月ごろ日本政府には通達されたと思うんですが、これは、リッベントロップがモロトフ〔ソ連外務大臣〕をベルリンに呼んで、十一月の十二、十三、十四日と独ソ首脳会談が行なわれたそのときに提案しているんですが、提案する前に、外務省には、これは、きていると思うんです。

陸軍が、この「リッベントロップ腹案」を知ったのは、いよいよ、松岡がドイツに行くということで、「対独伊ソ交渉案要綱」というものを廟議(びょうぎ)決定した時で、その時に「リッベントロップ腹案」が文章の上に出まして、陸軍は、それを、事務当局も知ったわけなんです。しかし、この時の松岡外相の狙いの中の、「対ソ国交の飛躍的調整」と「独伊との政治的結束強化」とについては、沢田〔茂〕参謀次長が「対ソ国交の飛躍的調整」を、ぜひ、やってくれということを言うていることは事実なんです。

これを一体的なものとして初めから考えておったかどうかには、若干の疑問がありますが、やはり、日独伊ソ四国提携の方向にいくんだという考えは、陸軍首脳にはあったと思いますね。

加登川 このリッベントロップの提案は、モロトフとの話がまとまらんで、このあと、ヒトラーは、これは、いよいよ……という決心をするんですね。

原 リッベンの提案に対して、ソ連は同意してきた。しかし、条件があるわけですね。ダーダネルス海峡に関する条件、それから、日本は北樺太の利権を放棄せいとか、フィンランドに対するドイツの撤兵を要求してきたんですね。それで、ヒトラーは怒り心頭に発して、十二月の十八日に「バルバロッサ命令」を出したということになっているわけです。

日独の勢力圏分割計画

加登川 こういうソビエトを含めてのというか、要するに、勢力地域協定を出すということ自身は、日本のイニシアティブではないわけ？　ドイツ側のもの？

原　日本側の提案では、ないと思いますね。しかし、有田〔八郎〕外務大臣が昭和十五年の六月二十九日に、「国際情勢と帝国の立場」というラジオ放送をやってますが、あの時に「東亜モンロー主義」を提唱していますように、大体においてそのころ、すでに革新官僚を含めて、日本の軍部、政府には、独伊が覇権を争う欧州・アフリカ圏、ソ連圏の中にはインド・アフガニスタンが含まれると、それから東亜圏、アメリカ圏の四大ブロックに分けるという考え方が底流として、ずうっと流れているわけですね。まさにそれは一致したわけです。

加登川　そうすると、「対ソ国交の飛躍的調整」というお題目に、日本は何をやったんでしょうか。

原　この「時局処理要綱」が採択されたのは、七月二十七日です。ところが、七月の二日には、すでにモロトフに対して松岡外務大臣は「日ソ中立条約」を提案しているわけですよ。これは以前から進んでいるわけですね。

最近、甲谷(こうたに)（悦雄(えつお)・参謀本部ロシア班長・36期）さんが、大いに、これをやったとかいうことが雑誌にも出ましたが、正に甲谷さんが第一案を考えて推進したということらしいんですが、日ソ中立条約交渉が七月二日に提案されてて、七月の十四日かなんかに返事がきて、同意と。ただし、北樺太の利権を放棄せいということなんですね。

その「日ソ中立条約」を「日ソ不可侵条約」に拡充するというのが、「時局処理要綱」採択当時の考えなんですね。さらに、強化したものなんです（日ソ中立条約は昭和十六年四月十三日に正式に調印された）。

奥村 世界をブロックに分けるという構想は、ドイツの地政学の思想でありまして、当時、日本で非常に流行していたハウスホーファーという地政学者がおりましたが、あれの時分には、かなり、その思想がいきわたっておりまして、私ども中尉の時分に、『地政学雑誌』というのが日本でも創刊されて、私ども、その時分から読んでおります。

そういう中にも、世界をブロックに分けるという「パン・リージョン」という思想があったわけで、松岡（外相）は、かなり早くから、この思想に共鳴していたようで、満鉄の総裁をしていた時に「パン・リージョン」に関する研究をさせていたということがあります。ですから、この考え方は、ここで突然、出てきたものではなくて、かなり早くからあったものです。

昭和天皇も同盟の効果を認めた

加登川　それでは、総しめくくりで、「日独伊三国同盟の功罪」――これは前にも出たことで、自明のことだと思いますが、結局これが「対米戦争への決定的傾斜になった」ということ線で述べられてきたわけですが、原さん、これに補足して下さい。

原　「日米交渉」が昭和十六年〔一九四一〕四月十八日から始まるその時に、天皇様は、非常にお喜びになられたわけです。三国同盟の効果が現われたんだというような意味合いのことを、内大臣に、おっしゃってるわけですね。日米諒解案の請訓電が来た時にです。

そこで、三国同盟を結んだがために、アメリカが、あの日米諒解案交渉に乗り出してきたのかどうかという問題があると思うんですが、これはよく解らんのです。奥村さんなんかに聞きたいんですが、強く出たことによって、向こうは三国同盟から日本を脱退させるために、日米諒解案という謀略交渉に乗ってきたのではないかという考え方が成り立つか、どうでしょう。

奥村　アメリカは、早くヨーロッパの戦争に介入したい、そのためには、太平洋の方面で安全を得なければならない。そのためには日本を三国同盟、つまり枢軸から脱落させる必要があるということで、私は日米交渉にアメリカが乗ったのには、大きなこのファクターが働いていると思います。

原　そういう考え方があるかもしれませんが、私は、三国同盟は対米戦争への決定的傾斜をなすものであるという結論なんです。支那事変処理についても、三国同盟を結んだことによって、中国は決定的に英米陣営に入って、重慶政権〔蔣介石政府〕との全面和平交渉という面ではマイナスになった。

日蘭会商〔日本と蘭領東インドとの間で行われた経済交渉〕についても、決定的にマイナスになっているのですね。三国同盟を結んだことによって、オランダ側は敵国にゴム、錫を渡すわけにいかんというので、二万トンのゴムを日本に寄こすことになっていたのを、一万トンに削っちゃったんですよ。日蘭会商には非常な悪い影響を与えています。

私の三国同盟の功罪の結論は、これは結果論ですけれども、対米戦争への決定的傾斜であって、非常に適当でなかったという考えです。

奥村　それは、もちろん、そうだと思います。しかし、アメリカは確かに早くから日本に対する戦争を予期したと思いますけれども、しかし、戦争をせずにすめば、それが一番、結構なことで、なるべくなら圧力によって日本を中立化してヨーロッパの戦争に入りたいというふうに考えた。

しかし、それができないので、最後に極東を通じて戦争に介入するという恰好になったんだというふうに思うわけです。

アメリカの軍備が本格化する

杉田　私、三国同盟の功罪で、どちらかというと、原君と同じようなんですが、アメリカが日本を仮想敵国にしたのは、日露戦争が終わって間もなくですね。日本は将来、自分の国の仮想敵国として考えなければならんというような気持ちになったのは……。

アメリカとしては、日本の勃興を抑えようという考えがあったわけですね——ワシントン会議〔一九二一～二二年〕にせよ、ロンドン会議〔一九三〇年〕にせよ、みなそうです。それが満洲事変〔一九三一年〕、支那事変〔一九三七年〕、ずっと、その方針で抑えようとしてきたところが、日本はみんな蹴ってくる。やり方が妥協的でない。

そして、三国同盟で、やっぱり向こうから見て、悪者と手を組んだという気持ちが非常に向こうの神経を尖らせたということがハッキリ言えるのじゃないかと思います。

私は三国同盟が締結せられた当時、〔参謀本部で〕アメリカ班長をやっとったもんですから、上司にとにかく三国同盟前のアメリカと三国同盟締結後のアメリカと、よく見る必要がある。それがためには少なくとも参謀次長か、あるいは部長にアメリカにおいでいただいて、そしてアメリカが、どういうように変わったということを、生の目で見ていただきたいと意見具申した。

ところが、三国同盟を締結する前のアメリカというものを、上の人がよく知らない。それじゃ、比較できないというわけですね。それを「知っとるのは、一年ほど前に帰ってきたお前なんだから、お前行け」ということになりました。

三国同盟を結んだ後のアメリカの軍部の気合いの入れ方というものは、「もう戦争だ」という気持ちに変わってきておる状態を目のあたりにして、いろいろ報告したんだが、帰ってみると、「アメリカが杉田に、ほんとに、そういうところを見せるはずない。それは、向こうの宣伝だ」といっておられたという話を聞いたような状況でね……。

帰ってきて報告しましたけれども、それがどの程度に採り入れられたか。「お前の言うことは海軍の言うようなことだ」と（笑）いわれたことを、記憶しておりますがね。

加登川　おそらく、そうだったでしょうね。

杉田　だから、非常に大きな影響があったということは言えると思うんですね。

「アメリカは文句を言わないだろう」

加登川 アメリカは、この年〔昭和十五年〕の七月十九日に、例の両洋艦隊を中核とする海軍の増強計画が入ってますしね、九月十六日、直前には選抜徴兵法を出しているんですから、それはよく解るんですが、ここで、原さんにお伺いしたいのは、対米戦争へ、この三国同盟が「決定的な傾斜をした」ということは、言いかえると、松岡外相の電撃的決心によって三国同盟が出来たことによって、もうあと大東亜戦争というか、アメリカとの戦争というものは避けることが出来ない道へ行ったのだということになるのか、いや、まだ、その時のアメリカ自体は、軍備拡張はしておるけれども、どうしても、日本を叩いてしまわなければならんと決めたんではない。

つまり、あとに北部仏印進駐もあれば——これは、目的はともかくとして、〔昭和十六年七月の〕南部仏印進駐もあって、次々と傾斜していくわけですから、同盟締結の段階で、これを決定的傾斜ということは、これでもって、アメリカとの戦争は必至であったんだという意味ですか?

原 これは、非常に難しい問題なんですがね。

加登川 非常に大きなファクターであるとは思う。アメリカのほうはこれで、三国同盟の暴れんぼうをやっつけてしまえというふうに決心することになったんでしょうか。それが決定的傾斜という意味は、もうこれで、あとの余地はなかったんだということになりますか？

原 それほど強く考えておりません。まだ、選択の余地はあったと……。

高山 私は、その点ちょっと感覚が違うんですがね。というのは、「三国同盟の目的」というところで問題になりましたが、当時、参謀本部としても、アメリカと戦争しようなんてことは、夢にも考えておらなかったんですよね。

むしろ、アメリカとの戦争を避けたいために日独伊三国同盟を結んだほうがいいのじゃないかと思ったくらいだったということで――したがって、三国同盟を結んだのが、ただちに決定的に対米戦争に傾斜したんだと見るのは、少し私は言い過ぎじゃないかという感じがするんです。

むしろ、さっき加登川さんが、ちょっと言われましたが、三国同盟のあと、北部仏印へ進駐したり、だんだん同盟の力を借りて深入りしていった。ドイツにいわせれば、アメリカをなるべく太平洋に拘束しておきたいという感じがあるので、日本に、「出来たらシンガポールを攻撃してくれ」とかいうことを間もなく言い出すんです。

日本としては、三国同盟が出来たんだから、もう、アメリカも支那事変には余り文句を言わないだろう。思い切って支那事変処理をやりたいということで、北部仏印に進駐したりして、援蔣ルートの遮断に乗り出した。

こうした、あとあとの処置のほうが、むしろ強く影響して、決定的にアメリカを怒らせてしまったということじゃないかと思うんですけどね。

杉田　それについては、さっきの「対米戦争回避の方略か」という問題に関連するんですが、三国同盟を締結する折に、本当に対米戦争回避の決意ならば、日本は対米戦争をするのか、しないのか、という決意を、この時に決めておれば、それは言えると思う。ところが、対米戦争はするかしないか解らない。ただ回避する。回避するだけで、進んできておるんですから、そこに、「対米戦争回避のための方略」ということが言い切れない大きな原因が、私はあると思う。なんにも考えてないんだから……。

ただ、希望だけを持って、ずるずるずるっといくんですからね。そこに対米戦争回避の外交施策でなかったという根拠があるんじゃないでしょうか。

加登川　その点は、まさに、そうでしょうね。

アメリカのナチスぎらいを見誤った

原　これは結果論なんですが、日米交渉の経緯をずうっと見ますと、アメリカのナチぎらいっていうものが、日本人の予想以上なんですな。これは杉田さんが言われる「アメリカの建国の根本理念に抵触する」らしいんです。全体主義というものが……。

ところが、われわれはナチスというものをそんなに考えないんですね。日米交渉の経過を通じますと、アメリカのナチスぎらいは非常なものなんですね。三国同盟を結んだことによって、グルー〔駐日アメリカ大使〕は、「それまではアジアはアジア、ヨーロッパはヨーロッパと考えておった。ところが、三国同盟締結によって、世界は一体になった」と、こう言ってるんですよ。ですから、私は、この三国同盟というものが重大なる傾斜をなしたというふうに、結果論として認識せざるを得ないんですね。

奥村　結局この問題は、日本の問題もありますが、アメリカのルーズベルトはじめ、多くの指導者が、ヨーロッパの戦争に介入することを、いつ決心したかという問題と、日本に対する戦争を、いつ決心したかという問題になるわけです。非常にいろんな議論があって、私にもよく解りませんが、ヨーロッパへの戦争介入は、かなり早くて、恐らくダンケルク〔一九四〇年五月～六月〕のころに決心をしたのだろうというのが、通説になっております。

スチムソン〔アメリカ陸軍長官〕の回想録なんか読みましても、明瞭にこの年の終わりごろには、戦争介入を決心しているというような記事が出ております。

ただ、日本に対して、いつごろかということになると、私はもっと後というふうに理解すべきだと思うわけです。ですから、ここで、「決定的」という言葉は、言い過ぎかもしれないと思うわけです。

加登川　ともかく、この同盟締結がきっかけになって、高山さんのいわれるように、問題は累積していって、遂に開戦已むなし、というところへいくわけですね。それでは、次に進みましょう。

〈解説〉 日独伊三国同盟はアメリカを牽制するどころか、唯一の〝敵視〟すべき大国としてかえって怒らせ、くず鉄の対日輸出全面禁止という敵対行動にださせたことは、この座談会でもふれています。大統領ルーズベルトはさらに十一月三十日に中国に五千万ドルの追加借款供与をします。さらに十二月二十九日のラジオ炉辺談話で、アメリカ文明はいま最大の危機にさらされている。ゆえにアメリカが民主主義諸国の偉大

な兵器廠となる、との決意を明らかにしました。さらに、こうもいいました。

「虎は背を撫でてやったところで仔猫にはならぬ。ナチスと平和外交を保つには完全な降伏をその代償に提供する外に方法はない」

続けて日本にちょっとだけ言及しました。ただし、日本と名指しするかわりに「アジアにおける枢軸国」とよんで、若干の目くらましをしていましたが、いずれにしてもその国に一日も早くその同盟の外にでることをそれとなく要求したのです。

もちろん、日本の要路はその放送を聞いていました。しかし、無視するか、何を小癪なと怒りを逆に燃やすだけであったのです。

第二章　北部仏印進駐　海軍とのかけひき

昭和十五（一九四〇年）

六月二十九日	援蔣ルート監視団がハノイに到着。
八月三十日	松岡・アンリ協定が結ばれる。 （日本の北部仏印における便宜を取り決める）
九月十二日	日蘭会商のため小林一三使節が蘭印に到着。
九月二十二日	西原・マルタン協定が結ばれる。 （日本軍の北部仏印への平和進駐を決める）
九月二十三日	北部仏印進駐が始まる。一部地域で戦闘が発生。
九月二十五日	フランス軍が進駐してきた日本軍に降伏する。
九月二十七日	日独伊三国同盟が締結される。
十一月十五日	海軍が出師準備第一着作業着手を発動する。 （翌年、四月十日完結）
十二月十二日	海軍中央部に「海軍国防政策委員会」が誕生。

海軍の戦争準備

原　北部仏印進駐は、昭和十五〔一九四〇〕年の九月二十三日に行われました。日本側では、「大南方」の蘭印、マレー半島を目指すためには、まず「小南方」の泰、仏印を我が陣営に掌握するのが先決問題であるということが、逐次、思想統一が出来まして、この十五年の秋を迎えるんです。

時、あたかも泰と仏印との間に国境紛争が起きまして、これの居中調停を日本がやることになるわけです。昭和十六年の一月～五月にかけてです。

この間に、日本の狙ったものは何か。国境紛争調停をやることによって、南部仏印に軍事基地を取る、日泰軍事協定を締結するということであったわけです。南部仏印に軍事基地を取り、日泰軍事協定を締結することによって、はじめて、「大南方」を狙えるわけなんですね。

ところが、「時局処理要綱」は、こうしたことは全然やらず、一挙にシンガポール、蘭印をやるというような局地政略出兵的な考えだったんですが、いまや、南部仏印の軍事基地、それから日泰軍事協定締結という問題がクローズアップされるわけなんです。

この間、特に注目すべきは、十五年十一月二十六日～二十八日に、山本連合艦隊長官が図演〔図上演習〕を行なうんですね。軍令部、連合艦隊、海軍大学校が図演を行なう。その図演の結果を、〔伏見宮〕軍令部総長に所見を表明するわけです。それには、こうなっているんです。

「一　蘭印作戦に着手すれば、早期対米開戦必至となり、英は追随し、結局、蘭印作戦半途にして、対蘭、米、英数ヵ国作戦に発展するの算、極めて大なる故に、少くも、其覚悟と十分なる戦備とを以てするに非ざれば、南方作戦に着手すべからず」

これは、極めて結構なことなんです。

「二　右の如き状況を覚悟して、なお開戦、已むなしとすれば、寧ろ、最初より対米作戦を決意し、比島攻略を先にし、以て作戦線の短縮、作戦実施の確実を図るに如かず」

すなわち、山本五十六は、米英は絶対不可分であるという意見を、軍令部総長に上申するわけです。

「時局処理要綱」は、米英可分を前提とする方策だったんですが、この十一月末の図演を主なる転機として、海軍は米英絶対不可分に思想統一されるわけなんです。

たまたま、十六年の一月から三月にわたって芝生〔英夫・42期〕さんが中心になられて、陸軍省戦備課は物的国力検討をやられる。その結果は、あとでお話があると思いますが、非常に危険であるということになって、冷水を浴びせられる感があったわけですね。

米英絶対不可分なり、南方ブロックに手を出すことは、すなわち対米英蘭戦争であるということになれば、陸軍は引っこまざるを得ない。物的国力検討によって非常な危険があるということで、「時局処理要綱」は清算をする。もう南方問題は止めた、ということになった。それが、「対南方施策要綱」なんです。

「対南方施策要綱」の骨子は、泰と仏印にだけは進出するんです。けれども、ドイツ軍が英本土に上陸するような場合においても、蘭印に対しては外交によって処理する。外交措置を強化する。英国の崩壊確実を予想せられる場合においても、蘭印はやらないということになった。そうすると、やる場合は、どんな時か。

一つは、米英蘭が全面禁輸をやった場合、米英蘭の禁輸によって日本の自存が脅威せられる場合、もう一つは、対日軍事的包囲態勢が加重されて、忍び得ざるに至った場合、この二つの場合においてのみ、自存自衛のために南に出る。

南方をやるという「対南方施策要綱」を昭和十六年四月の十七日、大本営陸海軍部が決定するわけなんです。間もなく、それは廟議決定せられるべきところ、突如として、その翌日、十八日から日米交渉が発足するわけなんです。これで棚上げになった。

一方、海軍では、十五年の八月二十四日、上奏裁可を仰いで出師準備第一着作業着手を実質的に発動し、十一月の十五日から正式に発動して、十六年の四月の十日には、出師準備第一着作業が完結するわけです。

〈解説〉 軍は平時には必要最小限度の規模をもてばいいのですが（これを平時編制といいました）、戦争のときには戦争に必要な規模の戦時編制に改めます。この移行を陸軍では動員計画といい、海軍では出師準備といいます。陸軍の場合は赤紙一枚で人員を急増させますが、海軍は兵員はもちろんのことですが、戦艦、航空母艦、巡洋艦、駆逐艦、潜水艦と多くの艦船を整備しなければなりません。現に動いているものもドックに入れて整備をする。その数、実に三百隻以上。同時に、魚雷や大砲の弾丸もそろえなくてはなりません。したがって大量の物品とともに、とにかく多くの時間がかかります。そのことは、昭和十五年十一月十五日に正式に発動した出師準備の第一着作業が完成したのが翌十六年四月十日、という事実からもよくわかります。しかも洋上訓練の実施ともなれば、艦隊を動かすエネルギーとしての重油をどんどん費消することになる。陸軍の元参謀が「海軍というのはある時期が来たならば、復員をするか

（平時編制に戻す）、やるか、どっちかなんですね」と発言している理由もよくわかります。

原　昭和十六年内に起たずんば、日本海軍は再び米国に対しては起つ能わずということが宿命なんです。両洋艦隊法案が成立すれば駄目になるということで、昭和十六年内にやるという考えが底流としてあるわけですよ。

六月六日、〔大島駐ドイツ大使から〕独ソ開戦情報電がくる、その前の日に、「現情勢下に於て帝国海軍の執るべき態度」が海軍省、軍令部の省部の中枢課長から成るところの、政策を担当する第一委員会によってつくられるんです。そしてそれに、海軍大臣も判を押すんです。

そのメンバーは、軍令部の戦争指導の甲部員であるところの大野竹二、作戦課長の富岡定俊、軍務第一課長の高田利種、海軍切っての主戦論者であるところの軍務第二課長の石川信吾の四大佐、そして、その配下にある藤井茂、柴勝男、小野田捨次郎の各中佐です。

これには驚くべきことが書いてあるんです。

油が止まったなら武力を発動する、というばかりじゃないんですよ。ゴム、錫、ニッケル、米が仏印から遅断されたならば、武力発動すると書いてあるんです。これは、誰も見ている者がおらないんです。私ども、戦後十年たってから初めて解ったんです。

〈解説〉 昭和十五年十二月十二日、海軍中央部内に海軍国防政策委員会が発足しました。略称「政策委員会」といい、四つの委員会で構成されています。第一委員会はその筆頭の委員会で、「国防政策や戦争指導方針」を担当します。第二委員会は「軍備」、第三委員会が「国民指導」つまり世論対策、第四委員会が「情報」、対米英の諜報担当というわけです。

問題なのは、第一委員会がこれまで軍事にかんする政策は陸軍に押しまくられてきたのを、これからは自分たちが主導権を握って政策を立案し推し進めていこう、そのための、いわばヘッドクォーター（総司令部）になったことです。もちろん中央部内、つまり霞が関の赤レンガの建物の中だけの委員会ですから、当然ながら艦隊司令部の参謀など蚊帳の外であるわけです。

メンバーはここに語られているとおり、大半はドイツに駐在したことがあり、富岡、高田の二人は海軍大学校首席卒業、あとの連中もみんな五番以内。五番までは恩賜の軍刀組で、優等生なんです。嫉妬半分で「そこのけそこのけ恩賜が通る」とささやかれた連中が集まって第一委員会を形成したわけです。メンバーのひとり高田利種が戦後、こんな回想を残しています。

「この委員会が発足したのち、海軍の政戦略はほとんどこの委員会によって動いたとみてよい。海軍省内でも、重要な書類が回ってくると、上司からこの書類は第一委員会をパスしたかどうかと聞かれ、パスしましたというと、よろしいと許可されるといった具合だった」

永野修身（おさみ）が、しみじみといったといいます。「近ごろの若いものはみな実によく勉強しているから、万事任せておけば安心だ」

そして参謀本部にいた陸軍の元中将・稲田正純（まさずみ）が、戦後インタビューしたわたくしにこういいました。

「あの件は、もちろん海軍が、陸軍をどうにもならないくらい押しまくった。陸軍はついに海軍に引張っていかれちまったんだ」

陸軍中央部にいた人たちの同様の証言は、稲田だけに限ったものではなかったのです。

西原機関の派遣

高山　北部仏印進駐の経緯については、当時は参謀本部としては、支那事変解決ということを重点に考えておったと見たほうがいいと思うんですよ。したがって、北部仏印に進駐したのも、援蔣ルート遮断ということが主なる目的で、南進の第一歩と、これを見るのは、ちょっと過早かと思うんです。ただ、南部仏印進駐問題に入ってからは欧州戦局の情勢などから、少しずつ変わってはおりますけどね。

北部仏印進駐のころの考え方は、援蔣ルート遮断が主目的であって、南進の一歩を築くため、というふうに見るのは間違いかと思いますがね。

原　援蔣ルートの遮断は、もう終わっているんですよ。西原機関（大本営陸海軍部の共同機関）が現地へ行きましてね、監視員が配置されて、援蔣ルートの遮断は、完全に、もう止まっているんです。なにも進駐する必要がないんですね。

あれは、よく調べてみますと、もう、その前に西原機関が行って、ぴしゃっと止まってるんですよ。どうも、そう、おっしゃることは、あてにならないですね。

〈解説〉 西原機関とは、西原一策(いっさく)陸軍少将（25期）を団長として仏印のハノイに派遣された援蔣ルートの監視団。陸軍から二十三名、海軍からは七名が加わり、大本営から正式に派遣され、六月二十九日には現地につき、きびしく監視の眼を光らせて任務をきちんと果たした。つまり仏印進駐の必要はなかったのです。しかし、参謀本部作戦課の進駐の意図は援蔣ルート遮断とは別にあったとみたほうが正しいのではないか。早くいえば好機南進の、フランス降伏のいまがまさに好機と考えていた。

それに七月三日には、すでにふれたように好機対英一戦を予期する陸軍内部の「時局処理要綱」案が決定していたのです。

高山　それは、戦史書にも、いろいろ書いてありますけれども、大体、大東亜戦争に入る決意をしたのは、ずっと後ですからね。それを前提に布石を打ったと見るのは、私は過早ではないかと思うんですがね。

杉田　高山さんの言ったように、北部仏印進駐は支那に対する遮断だな。西原さんは行かれて、あとから〔みれば〕、それはそうだったかもしらんけれども、確実に〔援蔣ルートに〕止どめをささねばいかんということで、やられたように思うな。

南方進攻の準備ではない

松田　私が参謀本部に入る前の話ですが、高木君と私は陸大の航空学生で、南方作戦の研究演習に参加したのが十五年の暮から十六年の初めなんです。

これは、参謀総長、陸軍大臣もお出でになって、一週間ぐらいの研究演習ですが、端的に、あとで行なわれましたマレー作戦と、ほとんど大同小異の形になったんです。

それは、谷川（一男・中佐・33期）さんが航空班長で、松前（未曾雄・中佐・38期）さんが班員でございまして、ちょうど、久門（有文・中佐・36期）さんと班長が替わる直前ぐらいの時期に行われたものでございますが、十五年の暮には、航空作戦的に、ある程度、具体化した案をつくったという事実もございます。

それから、南部仏印進駐と関連を持って、南方作戦をやるために、どうしても航空基地が必要だという問題がございまして、それから、その前後にあるインドシナ半島全体の基地化、勢力化と申しましょうか、仏印・泰の武力紛争を調停するとか、泰へ飛行機を売り込むという処置は、すでに始まっておるんですね。十五年の夏には始まっております。

飛行機の足を延ばす問題、一式戦〔一式戦闘機・通称 隼〕の足を延ばす問題も、十五年の夏には、すでに始まっています。率直に、全体のいろいろのことを研究した感じから申しますと、やはり南方侵攻の準備をするという意思があったと思います。

　久門さんなどは、あとで私と問答した印象からいうと、どうも、あの人には五分以上あったのじゃないかという気がしますし、松前さんのご回想では六分四分、南部仏印進攻の準備が四分ぐらい入っているということです。富永（恭次・少将・25期）作戦部長とか、岡田（重一・大佐・31期）作戦課長のご指導なども、これは表に出しておるのと実際とは相当違うという印象なんですが、高山さんのおっしゃるのは、いまさら、別に作戦課を援護なさるご意図もないと思うんですけれども（笑）。お立場の関係ですかね。高木さん、いかがですか。

高木　私も松田さんと同じような感じを受けましてね、やはり真意は、南部まで含んだ〔北部〕仏印進駐ということであって、しかし、表面的には援蔣ルート遮断ということでやられたように思いますが、したがって、実際は、南進か遮断かというと、半々というところじゃないでしょうかね。

海軍にこそ南進の意図があった

杉田 当時、〔参謀本部の〕第二部長は土橋（勇逸・少将・24期）さんですね。結局、いまおっしゃった作戦課の意見が多分にあったんだろうと思う。土橋さんは、そうでない、北のほうを押さえるといわれる。

これは結局、第一部長〔富永恭次〕がクビになるんですね。それは土橋さんの意見が通って。僕は北部仏印のいろいろを処理する折に、土橋さんの下でやったんですよ。そういう点からしても、南進第一歩という面は若干あったかもしれんけど、上のほうはそれを北を向いた北部仏印進駐ということで非常に強く出られたことは、私は記憶しています。

加登川 この時には、海軍は非常に陸軍に反対しておるんだけど、これは陸軍のやつが出しゃばり過ぎるとかいうてるだけで、別に北部仏印へ手をかけると、これが南進の一歩になるというような危険性を見ての話ではないわけですね。

原 海軍は、平和進駐を希望したんですね。陸軍省は、支那事変処理のため、なんですね。参謀本部首脳も、支那事変処理のため……。海軍も、支那事変処理のため……。

ところが、富永第一部長以下、作戦当局の一部には、南進の第一歩としての北部仏印進駐という考え方があるわけなんです……ということは、証拠があるんです、証拠が……

（笑）。作戦課長が海軍に行って、「時局処理要綱」を説明した中に、航空基地を北部仏印に出して、ビルマルートを爆撃すると。そして、援蔣ルート遮断と。これは、まさに海軍も望むところであり、陸軍も望むところです。

その中に、「南部仏印を爆撃し、蘭印を爆撃し、シンガポールを爆撃するため……」というような言葉があるんです。支那事変処理を中途にして南方問題をやるのか、南方問題は止めて、支那事変に専念するのか――どっちかというと、むしろ、支那事変を中途でもいいから止めて、好機があったら南をやる気持ちのほうが強いということを、はっきり言うているんですね。これは、文章に残っています。

それから、南支軍の参謀副長が佐藤賢了（29期）で作戦主任参謀が藤原武（31期）さんですが、藤原さんが作戦課へ来て、高級課員の荒尾（興功・中佐・35期）さんとか高月（保・中佐・33期）さんとか、そういう人の話を聞いて、西原機関に打った電報の中に、次いで南部仏印に出るんだということが書いてある。

高山　確かに一部には、将来ことによったら、ということで、南進基地を考えておった人があると思います。しかし、参謀本部全体としては、あとの断乎たる処分を見てもね。止めたんですから……。

加登川　それは、そうでしょう。上層部の方針としては、そうです。

高山　だから、進駐の真意というやつは、作戦当局ということになると語弊があるかもしれませんが、参謀本部全体としては、「援蔣ルートの遮断」ということで発足したはずですがね。

原　遮断というより、むしろ爆撃基地の獲得ですね。それから軍隊が通過する。南支におる第五師団は、あそこを通過して帰る。あるいは、攻撃作戦をやるために、あそこを分離するというような軍隊通過基地の獲得という意味合いを持ってですね。

そのときには、遮断を徹底するというのもありますけど、実際は、もう遮断されているんですから……。

加登川　作戦部長、作戦課長らが出過ぎておるというと、皆、首になるんだから、陸軍の態度としては、正にそうだったと思います。

それでは話題を進めて、「陸軍省戦備課の物的国力判断」に関連することで、「これは、えらいこっちゃ」というところについて、中原さん、どうぞ。

国力は昭和十三年がピーク

中原　数字は公刊戦史に詳しく出ていますから……。ただ、物的国力の致命的欠陥について申し上げたい。

このころ、昭和十六〔一九四一〕年の春は、とっくに日本の国力は峠を越して、下り坂にある時期です。昭和十三〔一九三八〕年が、日本の国力の最高の年です。爾来、どんどん降下する一方です。このときには、まだ、石油は入っていました。石油以外のものは一切、アメリカはストップしていました。

〈解説〉戦前の日本は貧窮のどん底にあり世相は暗く悲惨であった、とよくいわれます。が、かならずしもそうではなかったのです。満洲事変のあった昭和六（一九三一）年から軍需景気もあって、十二年までの経済成長率は平均七パーセント、これは当時の世界最高で、〝躍進日本〟といわれていました。昭和四（一九二九）年、ウォール街の暴落による世界的不況からいち早く抜け出していました。成長は設備投資を誘発し、設備投資はまた景気を加速させる。それで昭和十二年の経済成長率は、なんと、二三・七パーセントに達したのです。戦後の高度成長最盛期でさえ一四パーセントであったことを思うと、ウヒャーと驚声をあげたくなる、というものです。本書で、日本の国力の最高の年は昭和十三年というのもムベなるかな。しかし、日本はこの繁栄をいいことにして、その前年の七月に日中戦争に突入し、戦時態勢が着々と進められていたのです。

中原　アメリカの日本に対するプランを、そのままやったのだろうと思いますけれども、一番最初に工作機械を切って〔輸出制限して〕きました。工作機械を切られると、大砲も戦車もつくれない。日本の工作機械では、精密なものを出来るのは非常に少ない。だから、一番先に、これを切ってきました。

それから、七、八割はアメリカのスクラップに依存した日本の鉄を、次に切ってきました。このとき、石油だけは、まだ残しているわけです。どうして、このときに石油だけを切らなかったのだろうか。

十六年八月一日に油を切るんですが、そのときに、ルーズベルトは若いアメリカの青年を集めて演説しています。「石油は、一年前に切るつもりだった」と。「このころ、アメリカは石油を切ろうとしたが、そうすると、すぐ日米戦争になる。そうすると、お前らは戦争に行かなくてはならん。だから、これだけは残して、それ以外のものは皆、切った」という意味のことを言っていますけれども、このとき、鉄は十分の一、石油に至っては、話すまでもなく九五パーセントを、われわれは輸入しておりましたから、一番困ったのは、国力が下がりつつあるときに、軍備を充実していかなければならない。

ようやく昭和十五年、対支補給を全うして新しい軍備をつくる陸海軍の軍需生産能力が出来だしたころです。ところが、それをドンドンやっているので国力の七五パーセントを陸海軍の軍需に使い、あとの二五パーセントで一般の基礎国力を賄っている時期でしたけれども、そのとき、既にもう、峠を越しているわけです。

ドンドン下がって、とうとう、鉄を国力の代表としてみますと、昭和二十年に敗れたときには、日本はアメリカの僅か二・五パーセントになってしまう。その途中だったわけです。そういう時期の決心ですから、企画院も戦備課も一緒になって検討された結果は、これではいかん、冷水を浴びせられるような結果になったことは当然だと思います。詳しい数字は、みんな出ておりますから……。

加登川　私も、このころ、軍事課におりましたから、多少の空気は解らんでもないんですが、これを開戦の経緯として見ていった場合に、今、話をしている時期は昭和十六年の三月から四月の枠に入っているわけですが、だんだん悪くなる。

一方、アメリカの方では、この三月十一日には、武器貸与法に署名しております。この年の一月に、合同参謀本部という組織をイギリスとの間に決めて、いわゆるABC1という、ヨーロッパ・ファーストを決めております。そろそろ、腹を決めてきているころです。

北部仏印の進駐はあるし、日本側は支那事変処理方策だと言っても、アメリカ側はどうとったか。そこへ持ってきて、三国同盟が出来ておる。

そういう緊迫した時期に、日本の方ではもう、どうにもならん。前の話ではないが力ずくでも物を取ってこなければならんというふうに考えたんだろうか。

繰り上げ輸入を盛んに行う

原　これは想定を設けて国力判断をやったわけです。想定を設ける中で一番大事なのは、船舶をどれだけ徴用するかが問題です。陸軍は、百五十万トンぐらいしか徴用しないということで検討しているらしいんです。

その結論を出すべく熱海の旅館で〔陸軍省戦備課の〕芝生英夫さんは、岡田菊三郎〔戦備課長・30期）さんと作業をやったといいます。それで、芝生さんが出した案は、これは岡田さんが言うのであって、芝生さんは否定されますが、「戦争をやっても、非常に困難である。やらなくても駄目だ」というのであった。

それで、おやじの荒木〔貞夫〕大将（芝生氏の岳父・9期）に相談して、「こういう場合には、どうするか」と問うたところ、「死中に活を求める以外にないではないか」と言われたので、自分がやれる方向に結論を書いたらしい。

それを岡田さんに見せたら、岡田さんは、「戦備課は、そういう政策的考慮を加えてはいかん。ありのままを書くのだ」といわれて筆を執って、芝生さんのを修文した。

その文書は戦争裁判でアメリカに取られてしまったが、その骨子は岡田戦備課長が書いて持っておられますが、「帝国の物的国力は、対米英長期戦争の遂行に不安あるを免れず」という冒頭の結論を出したわけです。

最後の結論は、「帝国は速やかに対蘭印交渉を促進して、東亜自給圏の確立に邁進するとともに、無益の英米刺激を避け、最後まで米英ブロックの資源により、国力を培養しつつ、あらゆる事態に即応し得るの準備を整えることが肝要である」というらしいんです。

だから現状維持で、極力、米英ブロックから物をもらって、国力を出来るだけつけるということです。米英刺激を避けるというんです。けれども、いつ、全面禁輸を受けるかもしれんから、あらゆる事態に即応し得る体制を整えるということで、矛盾していますが、そこで、特別輸入とか、繰り上げ輸入ということを、じゃんじゃん、やるわけです。盛んに、やりました。買えるだけ買いこめ。しかし、米英を刺激しないでやれと。これは陸軍の省部の事務当局の首脳部には、非常な冷水を浴びせかけたわけです。「これはとんでもないことになる」。南方は止めようということになったわけです

けれども、いよいよ全面禁輸を受け、「最後の開戦決意の段階においては、陸軍はなんとかやれるかもしれんという、かすかな拠りどころを与えた」と〔軍務局軍務課の〕石井秋穂〔中佐・34期〕さんは言われます。海軍は物的武力判断なんていうのは、全然やっていません。近衛内閣がつぶれるころになって、やっているといいますが、陸軍は三カ月かかって詳細周到な国力判断をやった。その結果、南進問題解決は止めようとなったわけです。

松田 私は、ある程度は知っているんですけれども、中原さんに伺いたいんですが、いま、戦備課の意見とおっしゃったけれども、戦備課の資材班を通じて、軍事課あるいは軍務局の意見として、どう言ったんですか？

そこのところは、ダメを押すようですが、本当はどう言ったんですか？　戦争は出来ないと言ったんですか？　戦争は出来るように言ったんですか？　大体、北部仏印進駐のころですよ。石油の問題を小林〔一三（いちぞう）・阪急グループの創始者・近衛内閣の商工大臣〕さんが言い出したのは、このころですから……。

原　小林一三使節は、十五年九月十二日に向こうに到着しています。

松田　軍事課の資材班の戦争の指導全体に関する国力判断は、どうですか？　私は航空の方をずっと研究しましたので、航空の軍備を通じては、これは結果論ですけれども、もっと、深刻に検討しなければいけなかったという反省が非常に強いわけです。

中原　十五年と十六年では、大分違うんで、僕は兵站総監部参謀にもなって、よく、次長〔沢田茂・総監部長は参謀次長が兼任〕に呼びつけられました。

「君は、俺の部下でもあるんだ。あんまり悲観的なことを言うなよ」と。

そのときは、「ハア」と言って帰ったけど辻（政信（まさのぶ）・36期）さんなんか、開戦前に、兵站班長でしたが、会議室に入るとき入口で呼び止めて、「お前、この会議に同意するのか、しないのか。同意しないなら、会議したってしょうがない」と、頭から極めつけられる。言うならば脅迫されたりして、実際、僕らの仕事は数字だからカーブに書いてあげると、一番よく解るんで……。しかし、それをあんまり出してもいかんし、当時の空気では「駄目です」なんて、言えんものがあった。

非常に悲観的だけれども、岡田課長のような判決にならざるを得ない。軍事課としてももちろん、単独研究してちゃんと出してあります。

松田　私は岡田さんのあの文章を、当時の原文そのままではないかもしれませんけども、回想ですから、若干のものが入っているかもしれませんが、あれを読んだ印象では、岡田さんは、よく言ったものだと思うんです。あのころの一般の空気の中では、なかなか言えませんよ。

鉄の生産量の数字を水増し

原　昭和十六年度の鉄の生産量は、五百四十六万トンです。ですから、中原さんの言われる軍事課の判断は、少し過低評価しているような私の印象なんです。

中原　原君、そんなに出てないんだ。水増しなんだ。陸海軍の話を合わせるためには、水増ししなければ話が合わないんだ。

原　物動計画に実際に載った数字が五百四十六万トンなんです。

中原　僕も書いてるけど、そのころは通常水増しして陸海軍に分けた。世界の数字に、日本は幾ら造ったと、みんな出てるんだから……。世界の数字は、特殊鋼も入ってるんだよ。普通鋼鋼材にすると、十三年から日本は下がりっぱなし。兵器は特殊鋼でなければならんから、特殊鋼も入れると、多少は、いいんだ。

原　昭和十三年を第一年度とする生産力拡充計画で、鉄鋼一貫作業ということになって鉄の生産は逐次増進してるんです。私は、そう思います。十三、十四、十五、十六年までは逐次増強している。開戦後においてダウンしている。ちょっと、おかしいという感じがします。

島貫　公式の資料から言えば、君の言うとおりになる。

中原　十三年を峠に、全部、減ってるんです。

原　十三年を第一年度として、生産力拡充……。

中原　生産力拡充じゃないの、陸海軍が取っちゃうから拡充されてないんだよ。計画が出来ただけ。戦後、企画院の担当者が作った資料なんです。僕は世界の統計表から見ても十三年を峠に、スーッと下がりっぱなしと思う。

原　いや、それはちょっと、どうかと思いますね。十三年を頂点として、日本の物的国力が下がるというのは……。

中原　数字が全部、出てるんだよ。十三年度を最高にして、あとはずうっと比率は下がりっぱなしです。十三年はアメリカの一五パーセントぐらいまでいった。六分の一程度までいって、あとは下がりっぱなし……。

第三章　南部仏印進駐

アメリカの反応を見誤る

昭和十六（一九四一年）

六月六日	大本営が「対南方施策要綱」を決定。
六月十二日	大本営政府連絡会議で、南部仏印進駐が採択される。
六月十七日	蘭領東インドとの資源獲得交渉（日蘭会商）が決裂する。
六月二十二日	ドイツ軍がソ連に侵攻する。（独ソ戦の開始）
七月二日	第一回御前会議で南部仏印進駐が裁可される。
七月十八日	第三次近衛文麿内閣が誕生する。外相が松岡洋右から豊田貞次郎になる。
七月二十五日	アメリカ、日本の在米資産を凍結する。
七月二十八日	南部仏印進駐が始まる。

英米可分論と不可分論

加登川　今までのところで、物を当たってみると、これは、なんともならんということで、いよいよ、ドラマのクライマックスにいくんですが、ちょっと、私、伺いたいことがあります。

もう、前の方の話で、すでに石油の禁輸で大東亜戦争までいってしまったというところまで進んでしまっているわけです。そこで、読者の側からすると、物がうまいこと取れるだろうというので、すでに「時局処理要綱」で〝好機南進する〟といったような案が決まっておる。

物が足りないというのに、陸軍は「対南方施策要綱」によって、〝好機南進する〟という方針を止めたという話にいくわけで、読者の側からすると、まことにつじつまが合わんわけです。なぜなら物がなければならないほど、行くより仕様がないではないかと。ところが、陸軍は好機南進武力行使は止めると。つまりできるだけ平和的に取ろうというんでしょう。

ところが、海軍は完全動員してしまっているという。そこで〝好機南進する〟のを止めたというところを、原さん、もう一席やって下さい。

原　好機南進は、英米可分を前提としているわけです。戦争相手を英一国に限定する。英一国というのは、英蘭ということで米国を相手にしないというつもりであった。ところが、山本五十六の主張によって、米英絶対不可分になった。すなわち南方武力行使は、即対米戦争となる。

一方、物的国力判断では、対米戦争をやった場合にはとても駄目だということで、もちろん、陸軍は対米戦争はやらん。したがって、南方武力行使は出来ないということになったわけです。南方に進出したならば、米英絶対不可分で対米戦争になる。対米戦争をやるためには物的国力において、とても難しいということで、南方は止めたと、陸軍はなったわけです。

加登川　陸軍と同様に海軍も英米不可分であるということが定着している状況で、さて海軍は、ということになるわけですね。

〈解説〉対米英開戦前、陸海双方の作戦関係の参謀たちが、いかに戦うべきかという作戦計画について何度も討議しました。史料によると、双方が合意することなくなかなか意見一致をみることはなかった、といいます。陸海いずれであろうと、最終目標

は東南アジア諸国が産出する石油や鉄鉱石などの資源獲得にあります。それを確実にするためには、米英蘭の諸兵力を排除せねばなりません。そのための攻撃目標をまずどこにおくか。それで討議は揉めに揉めたのです。

その理由には、陸軍の米英可分論と海軍の米英不可分論という根本的な戦略戦術論があったからでした。

陸軍はマレー半島、なかでもイギリスのアジア支配の牙城シンガポール攻略に主力を投入し、そこからオランダ領東インド（蘭印）を軍事占領するのが合理的だとする主張で一貫していました。ただし、シンガポールはイギリスが鉄壁を誇る、難攻不落の要塞陣地なのです。小手先で攻略できるような要地ではありません。

いっぽうの海軍は、シンガポールに主目標をおいて攻撃すれば、米英不可分ゆえにアメリカが指をくわえて黙ってみているわけがない。ゆえに、戦力集中が容易なフィリピン方面に主力を投入し、これを占領したあとにパラオ諸島方面から蘭印に進駐するのが合理的だとする声が大勢を占めました。シンガポールを落とすには二〜三カ月かかる。それゆえにまずフィリピンから蘭印を経て時計回りに進攻し、資源を確保し、最後にシンガポールへと進撃する——これが理に適っているというのです。

要するに、南方の石油を確保するためには「シンガポール最優先」の陸軍と、「フィリピン最優先」の海軍の間で意見が真っ二つに割れて、大論争がえんえんとつづけられていたのです。

「陸軍に薬がきき過ぎる」

原　海軍は出師準備第一着作業着手を発動して四月十日に対米七割五分の戦備を完結しているわけです。これは、にっちもさっちもいかんのです。やるか、復員するか。

そこで、出師準備第一着作業完結の事態を踏まえて「帝国海軍の執るべき態度」を、六月五日に成案しました。その中の骨子が、非常に長文ですが、こうなっています。

「帝国の当面せる諸情勢は、所謂鍔競合の境地にあり。速に和戦いずれかの決意を明定すべき時機に達せり。（中略）帝国として対米諸方策の根本は、之を不敗の地位確立に置くの外、方途なきを銘記せざるべからず。（中略）帝国の、所謂自力強化の方策は、遅滞なく之を断行すること。（中略）泰、仏印に対する軍事的進出は、一日も速かに之を断行する如く努むるを要す」

柴〔勝男〕海軍大佐の言うのには、「戦争は必至であるという大局観を持って戦争決意ります。

を行ない対策を立てよ」ということです。また、「対米国交調整は打ち切らねばいかん」という文句があり、「ゴム、錫、ニッケル禁輸に対しても武力を発動せよ」という文句があります。

そして、米英絶対不可分であるという主張が、「陸軍に薬がきき過ぎる。陸軍は南を止めて、北を向いてしまった。これは大変だから、さらに国家体制および陸軍を南に向けねばならん」という文句があります。

ある人の言によれば、「馬に水を飲ませるために、水の流れに馬を引っ張るけれども、馬は尻込みしてなかなか前進しない。遂に後ろから尻をたたいて馬に水を飲ませることが出来た」と、海軍の石川信吾が言ったんだそうです。そういう説まで、真偽は解りませんが流れてくるんです。

だから、南部仏印進駐をやって不敗の態勢を敷くということが、六月五日の時点における海軍の最大使命であった。すでに、対米七割五分の戦備は完結している。いつでもやれる態勢が出来ている。陸軍を再び南方に向けなければいかん。ところが、独ソ開戦で陸軍は北を向いてしまうかもしれん。これを南に向けなければいかんというのが、当時の海軍が南部仏印進駐に対して、とみに積極強硬になった理由であると私は断定します。

陸軍は海軍の出師準備第一着作業完結など、恐らく〔作戦課にいた〕高山さんも、ご存じなかったのではないかという感じがするんです。

また、こういう文書が成案されて、全海軍をあげて南に向いているということについて作戦当局には連絡がなかったと思います。陸軍は、なんら対米蘭作戦準備が進んでいない。海軍は作戦準備が終わってしまっているんです。その文書が、私は非常に歴史的な文献だと思いますが、戦後十数年たって、ようやく発見されました。

海軍の思想統一

原 この文書の添書には、「高裁を仰ぐ」と書いてあります。そして、及川海軍大臣の判が押してあります。次官、局長の判も全部、押してあります。ただし欄外に「回覧」と書いてあります。高裁を仰いで決裁したものを回覧したと、私は取ります。

ところが、海軍は、「そうではない、これは決裁したのではない。回覧しても宜しいという判を押したのだ」と言うんです。そこで、私は、〝採択〟ではなく〝案〟という言葉を使うわけです。高田利種軍務第一課長の言によれば、「これは、憲法のようなものである。これは、海軍の思想統一のためにつくった文章だ」と言います。

何も、このとおりやれという文章ではない、思想統一の文章だと言いますが、しかし、及川海軍大臣のハンコがペタンと押してある。「高裁を仰ぐ」と添書に書いてある。高裁を仰ぐに、裁決しています。そして「回覧」とハンコが押してあります。それは、軍令部に一部、海軍省に一部、回覧しています。

昭和十六年の一月～四月ごろにかけて、参謀本部第二十班〔戦争指導班〕と軍令部第一部直属が何遍も話しましたが、米英絶対不可分であって、南方武力施行即対米武力行使であると、ハワイは言いませんでしたが、さんざんに言われた。

参謀本部第二十班は、海軍はてこでも南方に対し、米英に対してやる意思はないと思った。それでわれわれも止めたと、対ソ防衛と支那事変処理に邁進するという方向に、服部卓四郎（34期）作戦班長も、西浦（進・軍務局課員・34期）さんも石井（秋穂）さんも、参謀本部首脳も、皆そういうふうに決心したんです。

ところが、一方の海軍では、そのころ、こういう文章が出来ておった。それに基づいて南部仏印進駐に向かって、積極強硬な態度に変わっていったわけです。満洲事変、支那事変、北部仏印進駐までに陸軍が随分、乱暴なことをしました。〔そのころ海軍は〕サイレント・ネイビーだが、陸軍はサイレント・アーミーではなかった。

けれども、この時点をもって、海軍が陸軍に代わって南方の主導権を持ったと、私は思わざるを得ません。そういうことを、高山さん、ご存じないでしょう。

高山　ええ、私、ちっとも知りませんでした。

原　私も知らなかった。戦後十数年たって、その文章を発見したんです。これは、いま成蹊大学の教授をやってる、当時の軍令部の史実部におった人が写したのを持っておったんです。学者グループの『太平洋戦争への道』の中で、これを引用しています。とにかく、こういうことで初めて解ったんです。

高山　知りませんでしたが、今のお話で及川海軍大臣の決裁があったということは、私、ちょっと意外なんですが……。いまお話しになっている、このころの時点においては、軍令部と陸軍の二課の方と、ときどき話し合いはありまして、軍令部の中にも主戦論者と反対論者がありまして、大勢は反対のような印象でした。

陸軍の中にも、やっぱり主戦論、反対論が当然、あったわけですけれども……。今の資料を、私は当時、存じませんでしたけれども、海軍が団結して、ハッキリ言ってきたのは、山本五十六の真珠湾奇襲案の検討を終わってから、軍令部として、すっかり腹を決めておったような感じがします。それまでは、いまお話しのような内容のことは、余りわれわれには言いませんでした。

原　昭和十六年一月七日、山本五十六が書いた及川海相あての手紙があります。「連合艦隊としては、対米英必戦を覚悟して戦備に訓練に、はたまた、作戦計画に真剣に邁進すべき時機に到達せるものと信ず」と。

彼は、もう、真珠湾攻撃を考えているわけです。さらに、次のようにいっています。「日米戦争において、我の第一に遂行せざるべからざる要項は、開戦劈頭（へきとう）、敵主力艦隊を猛撃撃破して、米国海軍および米国民をして、救うべからざる程度に、その志気を沮喪せしむること、これなり。

〔中略〕東方に対しては専ら守勢をとり、敵の来攻を待つが如きことあらんか、敵は敢然として一挙に帝国本土の急襲を行い〔中略〕南方作戦にたとえ成功を収むるとも、我が海軍は世論の激昂を浴び、〔中略〕ひいては国民志気の低下を如何ともする能（あた）わざるに至らんこと、火を観るが如し（日露戦争におけるウラジオ艦隊の我太平洋岸半周に対する我国民の狼狽を回顧すれば思い半ばに過ぎん）」

山本五十六は、昭和十六年一月七日、対米必戦を覚悟して、あらゆる準備に全力をあげているわけです。ですから、陸軍よりは、遥かに進んでいます。

〈解説〉この発言はかなり誤解にもとづくもので、この昭和十六年一月の時点で、山本五十六はすでに対米必戦を覚悟して真珠湾攻撃を準備していたわけはない。むしろ対米戦を何とか阻止しようとしてこの手紙を海軍大臣に送ったのである。この辺りはかなり微妙なところですが。たとえば三国同盟締結の少し前に山本は海軍中央に意見書を提出しています。

「日米戦争は世界の一大兇事にして帝国としては聖戦〔日中戦争のこと〕数年の後更に強敵を新たに得ることは誠に国家の危機なり、（中略）よって日米正面衝突を廻避するため両国とも万般の策をめぐらすを要す可く、帝国としては絶対に日独同盟を締結す可からざるものなり」

さらにこの一月七日の手紙を書いてから間もない一月十六日に、志を一つにする古賀峯一中将にだした山本の書簡がある。

「三国同盟締結以前と違い、今日に於ては参戦の危険を確実に防止するには余程の決心を要する。先ず軍令部に於ては米内〔光政〕氏を総長とするか、又は次長に吉田〔善吾〕氏或いは古賀氏を据え、福留〔繁〕氏をして補佐せしむる事とし、海軍省にては次官を井上〔成美〕氏として、上下相呼応する程度の強化にあらざれば効果なかる可し。よってかかる難事を敢行して既倒を支えんとの大転換ならば、艦隊として忍び難きをも犠牲にして人事の異動に敢て反対せざる可し、と総長殿下〔伏見宮〕に話せり」

ここにあげられた提督たちはいずれも対米協調派の面々です。恐らく海相として自分がその衝に当るつもりであったのでしょう。米内・山本・井上のかつての三国同盟阻止のトリオが復活し、その補佐に避戦派の面々を起用し、第一委員会の連中を中央から追いだし、新人事で海軍内部を変革する以外に、避戦の捷径はない、そう山本は思っていたのです。それに一月七日の書簡が海相宛てであるところに注目しなければなりません。攻撃作戦のほうに重しがかかっているなら軍令部総長宛てでなければなりません。海相に作戦計画を納得してもらうことはほとんど意味のないことです。海軍の人事の最高責任者は海相で、その海相には軍令部総長に話したと同じ人事構想を十五年十一月二十九日に直接面談して提案しています。一月七日の書簡はその人事構想のさらに念押し、つまり対米避戦のために海相の決断をうながしたものというべきものなのです。

しかもこの手紙のことが一般に知れ渡ったのは、戦後も大分たってからのこと。陸軍の元参謀たちには、対米避戦のためには真珠湾攻撃という奇想天外な（航続距離の短い日本の海軍艦が真珠湾まで航行するなど米国は思ってもみない）作戦を実行に移すしかない、と山本が半ば海相に脅しをかけている真意など察することはできなかったのでしょう。

加登川　海軍が、すでに四月に全軍動員を完結して、言うべくんば、これ以後、身を持て余しておるのであるということを、陸軍作戦当局は承知していたかということは、どうなんでしょう？

高山　それは、知りませんです。全軍動員の完結云々も、私、戦後、戦史室の史料で知った程度でして、薄々、そんな話を、戦争中聞いたことがあるような気がしますけれども、公式にこういうものがあったということは、存じませんでした。

加登川　したがって、これからの海軍がどの程度、強腰であったか、この強腰であることのバックは解らなかったということになるわけですね。

高山　そういうことです。さっき原さんが言われたことに関連して、陸軍としてはどうしても南方の物が欲しいということで、蘭印だけを出来たら平和的に、已むを得なければ武力に訴えても、英米とは無関係に蘭印だけ取る方法はないものだろうか、ということは真剣に検討して、海軍とも相談したことはあります。

そのころ海軍は、アメリカを度外視して蘭印の物資を取りにいくということは、絶対に考えられないということで、それではシンガポールの方から、アメリカだけには触れないで蘭印の方に出る案は、どうだろうかという検討もされたんですけど、それも海軍は絶対不同意で、結局、海軍は南方へ出るなら、米海軍を先ずやっつけなければ駄目だ、英米不可分であるという説を、当初から強く持ちまして、そういう観点から蘭印から物を平和的に、あるいは蘭印だけを攻撃して持ってくるという考え方は駄目になりました。

それらを含めてみますと、海軍としてはまさかの場合を考えて、全軍動員完結ということを、内々に進めておったということは、あとから想像は出来ますが、公式には聞いたことはありませんでした。

原　井本〔熊男・参謀本部作戦課〕さんの業務日誌には、こういうことが書いてあります。「軍令部の神〔重徳〕参謀が岡村誠之（38期）に、海軍は四月になれば戦備が終わる。そうしたならば、そのままでは収まらんといっている」と、こうあるんです。

国策は海軍の態度で決まった

加登川　そこで、島貫さん、前戦史室長にざっくばらんなところを伺いますが、原君がいま、引用された六月五日の海軍の文書〔第一委員会が策定〕なるものは、戦史室ではいかなる見解をもって、これを扱っておられるんでしょう。

島貫　非常に重視しておりますが、今まで知らなかったことで、海軍がこういうような考えで思想統一をはかった——これは、原君が言ったように、陸軍が、ひょっとすると対ソの方に飛び出していくかもしれん、北方に向いてしまって、南を向かなくなるかもしれんという懸念が、このころになると、ボツボツありますので、海軍がいつまでもグズグズして、腹を決めないでいると、陸軍はやってしまうかもしれない。したがって、海軍も腹を決めなければいかんというので、思想統一をはかった。それで完全に思想統一が出来たか出来ないかは、また別です。

慎重派もありますから、このとおりに決まってしまったとは言わんけれど、こういうようなかなり強い意見で、しかも、第一委員会〔第一委員会の言い間違いか〕で決めたことですから、重要なるポストのもので、こういう思想統一をはかったとみています。

加登川　よく、解りました。ところで、これから二週間すると、実際にヒトラーがソビエトに飛び込む。ヒトラーが飛び込んで行くと、とたんに北の問題が起きるが、それ以前にトントンと南部仏印へ行くと決めている。こうも早く話が進んだというのは、こういうふうな考え方が、主戦的幕僚たちの意見であったとしても、海軍の支配的な考え方が、すでに決まっていたからではないかと思われるのですが、どうでしょうか。

島貫　そのとおりですよ。海軍側はこれで思想が統一されておった。

加登川　これで思想が統一されておったから、あと一カ月足らずのうちに来る七月二日の御前会議までに、国策は、海軍の強い態度で南進に決定されてしまっているというわけですね。

島貫　そうです。それで、ずうっと、つながっていくが、七月二日の前に、南方施策に関するやつは済んでいるんです。対北方の施策よりも前に、南方のが決まっている。

南部仏印進駐が採択される

原　大本営政府連絡会議決定が南部仏印進駐を採択したのは、六月十二日です。〔前日の〕十一日に案を上程したんです。六月五日の成案から約一週間たった十一日、〔永野〕

軍令部総長は突然、強い態度をとるんです。「もし妨害するものがあれば、断固として叩く」と発言した。ところが、〔及川〕海軍大臣は黙っています。

そこで、杉山（元・参謀総長・12期）さんは、従来の海軍の態度からしておかしいと思って、あえて発言しなかったんです。もしそのとき、杉山さんが、「陸軍、またしかり。妨害するものがあれば断固、陸軍も叩きます」と発言すれば、南方施策促進に関する件、すなわち、南部仏印進駐は十一日に採択されるべきものだった。

ところが、採択されないで返ってきた。そのあと、第二十班に石井（秋穂・軍務局軍務課）さんから電話がかかってきた。「お前のところのおやじが、グズグズしておったものだから、決められるべきものが決まらなかった」と。

そこで、種村（佐孝）さんは、杉山さんのところへ行って、「いま、これこれ、こういう電話がありましたよ」と言ったら、杉山さんが「親の心、子知らず」と言われたので、そう返事をした。

石井さんが武藤（章・軍務局長）さんに、これを言ったらしいんです。そうしたら、石井さんは、「黙っておれ、そんなことを言ってはいかん」と叱られたんです。そして、翌日の十二日の大本営政府連絡会議で、この南部仏印進駐が決まるんです。突如として、断固とした態度をとったんです。

この前後に、海軍の課長以上の首脳部連中の会議があったときに、永野総長が居眠りしておって、「ぼやぼやしてると、陸軍は北をやってしまうぞ。海軍は断固とした態度をとらにゃいかん」と、誰かが言うたらしい。そうしたら、居眠りしておった軍令部総長は、突然、立ち上がって、「そんなこと、決まっておる」と言ったというんです。

それで、及川さんが、「総長にも困ったものだ」と言ったという話があるんですよ。その話は、この前後の話だと思います。

山本五十六の役割とは

奥村　日本の外交史の学会では、終戦後では、「現情勢下に於て帝国海軍の執るべき態度」という史料が出てから、非常にムードが変わりまして、海軍がかなり重要な役割を、重要な南進の施策をやったのだ、というふうに批判されるようになってきたので、そういう意味では、この文書は非常に重要だと思います。

原　戦争反対の張本人といわれる山本五十六が対米戦必至であるというんで、全力を挙げて訓練その他をやり、真珠湾攻撃を計画しているんです。早くも十六年一月です。

山本五十六は、世間では一般に、「戦争反対」といわれるけれども、そうじゃないんです。山本五十六は、対南方局地政略出兵という局地戦争から、対米英蘭戦争への質的転換をやったのです。しかも、戦争反対と言いながら、その先頭を切ってハワイ攻撃を計画したんです。

奥村　結局、南方の局地戦争が当時可能であったかどうかという問題は別の問題で、アメリカのほうから見て、本当に日本がシンガポール、あるいは蘭印に出兵した場合に、そこだけで局地戦争が終わったかどうかというのは、私は別の問題で検討されなければならないと思います。

原　私の結論は、米英可分に努力する。ハワイはやらない。フィリピンもやらないで蘭印だけやる。アメリカが出てきたらこれに応ずると。受けて立つという戦争指導がよかったと、私はこう思うんですよ。島貫さんは、これに反対ですがね。

加登川　私は、よく知らんけれども、どっちにしても、ルーズベルトに挑発されただろうと思うんだが……(笑)。しかし、ここの座談会に関する限り、われわれも陸軍が主導役と言われてきたのが、こういう資料があったということを初めて知ったわけです。正確な歴史の資料というものを見つけ出すには、時を必要とするものですね。

〈解説〉ここもまた陸軍側の誤読があるようです。すでにふれたように、米英可分か不可分かをめぐって陸海の統帥参謀たちの主張がぶつかり合い、容易に一致を見出せなかったときに、山本の奇策というべき真珠湾攻撃作戦案が割って入ってきました。シンガポール攻略戦に陸海が全兵力を投入しているとき、米艦隊が日本本土に大空襲をかけてきたら、どう対処したらいいのか。むしろ、ハワイにいる米主力艦隊に先制攻撃を加えて壊滅的なダメージを負わせ、後方を安泰にした上で、その後余裕をもって南方へ進軍すべし――これが山本の秘策、まさにコペルニクス的転換でした。

やがて海軍の作戦構想はこのハワイ作戦で統一され、米英不可分論を基本に、陸軍の「シンガポール攻略第一義」の構想に協力することになったのです。丁寧にみてみると、陸海双方の意見がまとまらず紛糾したなかで、はじめは第三の候補として浮上し採択されたのが山本五十六案でしたが、もしこの山本案がなかったらどうなったのでしょう。シンガポール重点主義の陸軍とフィリピンから時計回りの海軍とが、そっぽを向き合ったまま戦ったのでしょうか。山本案が軍令部で採用されたのは真珠湾攻撃のわずか七週間前の十月十九日です。

これなくばさらに紛糾がつづいたことは間違いなく、戦争の様相はガラリと変わったに違いないのです。南方作戦も果たして現実のように成功裏には終わらなかったのではないか、とわたくしは考えます。

原　当初における南部仏印の軍事基地獲得は、この大南方を積極的に我が手に入れるための構想であり、好機便乗のためであった。ところが、今や昭和十六年の春、夏にかけては、そうではなくして、アメリカから全面禁輪を、いつ受けるかもしれん。全面禁輪を受ければ戦争になる。そのために、軍事基地が必要である。受けて立つための軍事基地要求ということに変わるわけなんです。この日本の統帥部の態度については、高山さん、ご異存ないと思うのですが……。

高山　おっしゃるとおりです。

原　松岡外相が欧州から帰ってきたのは十六年の四月の二十二日ですが、あの人は、どういうわけか、シンガポール攻略論を盛んに言うんですよ。それに、また杉山総長が、これに同意するようなことを言うんですね。

松岡がシンガポール攻略を盛んに言うから、ひとつ、統帥部も考えなきゃいかんぞということを発言されて、事務当局は憤慨するんです。冗談じゃない……と。シンガポールを攻略すれば、対米戦争になる。海軍は絶対に、そういうことでは動かない。自存自衛の場合においてのみ、立つんだと……。そこで、「対南方施策要綱」を廟議決定する必要がある。自存自衛の場合においてのみ大南方はやるんだ……と。

英本土上陸作戦が行われるような場合でも蘭印に対して武力行使はしないんだ、外交でやるんだという「対南方施策要綱」の廟議決定を六月の五日に上程しようとするんです。ところが、これに海軍の石川〔信吾〕軍務第二課長が反対するんです。そして、これが上程されないで終わるわけです。たまたま六月の六日には、オランダからの正式回答がきまして、日蘭会商は決裂状態になるわけです。

油は百八十万トンくれますが、ゴムは二万トンくれるといったにもかかわらず一万五千トン、錫は僅かに三千トンをくれるということであって、日蘭会商は決裂とはいかないが打ち切りということにしたんです。

そして、六月の十日だと思うんですが、突如として、陸海両軍務局長の南部仏印進駐に関する合意が出来るんですよ。石井さんは、六月の五日だとおっしゃるんですが、いろいろ私の調査したところでは、六月の十日だと思うんです。そして、文案を練って十一日に上程するわけです。この時は、杉山総長の態度が不明確だったために駄目になりまして、十二日に一旦、廟議決定するわけです。

ところが、松岡外務大臣は、その翌日に天皇に上奏する段になって、不同意を唱えた。そして、二十五日まで二週間、松岡外務大臣は粘りに粘って遷延するわけですが、遂に六月二十五日に、両統帥部長と総理の三人が列立上奏して裁可を受けるわけです。

独ソ開戦に伴う国策と、南部仏印進駐の国策決定とは別個なんです。独ソ開戦に伴う七月二日の御前会議決定というものは、六月二十五日の上奏裁可を得たものを再確認しただけなんです。国策の綜合性を保つために、敢えて入れただけに過ぎないのであって、南部仏印進駐は独ソ開戦には無関係に決ってしまっているんです。

もっとも、六月の六日には、大島(浩)大使から「独ソ開戦は、おおむね決定的」という電報がきておりますから、それが多分に影響しているかもしれません。けれども、六月五日の海軍の成案は、独ソ開戦情報を踏まえないところの成案なんです。

〈**解説**〉六月五日の海軍の成案とは、第一委員会が中心となってまとめた「現情勢下に於て帝国海軍の執るべき態度」のこと。その結論の部分のみを引用する。

「（イ）帝国海軍は皇国安危の重大時局に際し、帝国の諸施策に動揺を来さしめざる為、直に戦争（対米を含む）決意を明定し、強気を以て諸般の対策に臨むを要す。
（ロ）泰、仏印に対する軍事的進出は、一日も速に之を断行する如く努むるを要す。」
要するに、南部仏印進出を海軍は一日も早く実行しようと決めた、という。そして陸軍はその気がなかったのに、海軍に強引に引きずられていくことになった、という風に話が進むわけです。

原　海軍は、独ソ開戦なんか知ったことじゃないんです。海軍が凝視しているのは、アメリカ海軍なんですね。アメリカ海軍との作戦を、日本海軍は凝視するのであって、独ソ開戦の推移がどうあろうが、あまり海軍は影響ないんです。むしろ、北をやるという問題について陸軍を牽制するというのが、海軍の至上命令なんです。

ということで、南部仏印進駐が突如として決定したわけです。それまでは、南部仏印に軍事基地は必要ですが、軍事基地およびこれが維持のための所要機関ということなんです。ところが、このとき突如として所要兵力を進駐させるということになってしまった。近衛師団一個師団が行くということになった。

加登川　話を戻しますが、「〔陸軍省・海軍省の〕両軍務局長の突如、合意」の真相というのは、どういうことだったのですか？

原　よく解らないんです。松岡がシンガポール攻略、攻略というから、シンガポールを攻略するためには、南部仏印の軍事基地が必要なんだというので、そうなったのか、あるいは、さっき申しました成案、文書の思想統一において不敗態勢だけは絶対に確立しなければいかんと、その不敗態勢の天王山である南部仏印まで出なければならんという、海軍の主張が強く出て、〔陸軍省の〕軍務局長の武藤さんが同意したのか……。

加登川　僕らのような軍政屋〔陸軍省〕のほうからすると、作戦屋〔参謀本部〕は同意しとるけれども、大体、軍政屋が同意しないことが多い。それで、両軍務局長が同意したんで、まあまあ、これでいけるかというふうに進むのが、普通のことだと思うんだけれども、作戦屋は、どうしとったの？

原　軍務局長は連絡会議の幹事ですからね、そういうことを取り扱うわけですよ。

加登川　それでは、「作戦当局は進駐決定を歓迎せしや」というのは……。

原　これは高山さんに聞きたいんですが。

高山　南部仏印進駐は、さっき原さんからもお話しがありましたけれども、独ソ開戦とは直接は関係ないと思うんですよ。ただ、ドイツの影響は相当あったと思うんですよ。というのは、松岡外務大臣は、前にもお話しがありましたが、シンガポール攻撃を盛んに強調されたんですよ。それは、リッベントロップの要求もありましてね、対英本土上陸をやるから、日本は英国を極東で牽制してくれというふうなこともあって、シンガポール攻撃を盛んに強調したんですが、ただドイツが独ソ開戦を決意する時点以後、少しニュアンスが変わってきましてね。

具体的に申し上げますと、大島大使も十六年の四月十六日ごろは、「独ソ開戦は濃厚である。しかし、日本は過早に北に兵を出すな」という電報を打っておるんです。ということは、従来、いわれておったように、シンガポール攻撃のほうを、むしろドイツは歓迎しておったということもあると思うんです。ソ連に対しては、あとからお話が出ると思いますが、ドイツは見くびってましてね。三カ月ぐらいでやっつけちゃうというふうなことを、公然と言っておったんですが、ドイツのほうの気持ちも、開戦直前になると、少し変わってきましてね。山下〔奉文〕中将が帰る直前に、〔ドイツ側から〕「独ソ開戦をするから、早く帰れ。そして、日本はできたら極東からソ連をつついてくれ」という要請がありましてね、大島大使の意見も、それで変わってしまったんです。松岡さんも、シンガポール攻撃を盛んに強調しておったんですけれども、ドイツの態度が変わったということで、少しその考え方も変わってきたような印象を受けるんです。

当時、参謀本部としては、「南方に出たい」という意見が相当強くあって、このころの段階では、明瞭に南部仏印に進駐をしたいという気持ち、あるいは南方作戦の準備をしたいという気持ちは相当強くあって、「好機南進」という意見が支配的だったんですけれども、ドイツから北方を攻撃してくれといわれてから、北進重視というふうな恰好に少し変わってきましてね。その辺が微妙な状態になって、例の「関特演」が始まってしまったんです。

けれども、海軍としては、むしろ、北方へ出るよりは南方へ出たいという気持ちが強かったような印象でございまして、したがって陸軍は当初、南部仏印進駐を相当強く考えておりましたけれども、陸海両軍務局長の突如合意という意味は、陸軍が北方へ出ていくという気配が濃厚になったので、海軍も慌てて南の方へ推進をしたということが真相じゃないか、と私は思いますがね。

要するに、当時は、「好機南進」とか、あるいは「バスに乗り遅れるな」とかいう言葉がありまして、北方へも準備をするし、南方にも進出準備をするし、作戦当局としては両方考えて、最終決定は、土壇場まで保留をしとったというふうな印象であって、ただ独ソ開戦にかかわらず、海軍の同意もあったんで、南部仏印だけはとにかく進駐しておこうということになったと思います。

原　高山さん、好機南方進出のための基地というのは、昭和十五年の夏から冬にかけての好機便乗の基地であって、この時期には、好機便乗はもうなくなったんですね。「対南方施策要綱」で……。受けて立つための軍事基地に変わっているわけなんですね。

けれども、作戦当局は好機であろうが、受けて立つ場合であろうが、両方いずれを問わず、基地が必要であるということは、熱烈に考えておったから、陸軍の作戦当局もこの決定は歓迎したんだろうと思うんです。しかしそれは、好機便乗のための軍事基地要求よりは、やや薄らいでいる感がなきにしもあらずと思うんですがね。

高山　それは、北方準備も両方あるから、最終決断を下すのには、やはり考えておったということだと思いますがね。

原　土居（明夫・29期）作戦課長は、北をやるにしても、少なくも南部仏印まで出なきゃならんと……。北をやるための防衛上の考慮からも、あれは必要なんだから、というようなことを言うておられる。作戦当局は、大体、この決定は歓迎しておったけれども、この時期において、兵力をも進駐させるということについて乗り気ではなかったという、やや乗り気が薄らいできたと思うんです。

高山 薄らいだと言いますかね、北方準備もあったもんですから、一挙に、両方ということで、少し考えておった、というところだと思いますね。

杉田 松岡さんが、シンガポール攻略を主張していたのが、その態度が変わってきたことについて、こういう話がある。

松岡さんがドイツに行って、モスクワで〔日ソ〕中立条約を結ぶでしょう。それから帰国する折に、チャーチルが、モスクワにおるところの大使に、「松岡さんに、これを伝えよ」と寄こしてあった手紙を渡されるわけだな。

その中に、アメリカの製鉄の生産は七千万トンだったか八千万トンだったか、イギリスが千二百万トンというような数字が示されていたわけだ。日本は、その当時六百万トンか七百万トンかだな。こういうようなことで「英米を相手に戦さは出来ないということを、よく理解しなければいかんぞ」ということを、イギリスの大使が、チャーチルの手紙だというので、松岡さんに渡すわけだ。

それで、松岡さんは、それを見て帰るわけだが、そこで、これは僕の想像だけれども、アメリカに対する態度というものについては非常に慎重になったんじゃないか。そこの点が、中立条約でモスクワに寄った影響が少しあるのじゃないかと思います。

〈解説〉チャーチルの手紙の日付は四月二日。大使はそれをわざわざWC（トイレ）で松岡に手渡したといいます。つまり、ウィンストン・チャーチル（Winston Churchill）の頭文字、しゃれてますな。杉田氏の発言にない部分を加えますと、「一九四一年春に、ドイツは果たしてイギリスを征服できるのか。この問題が解決するまで待つのが日本にとって有利ではありませんか」

つまり、日本はイギリスが負けると思っているでしょうが、そういうものではありません。よーく見届けたほうがよろしいのではないですか、というわけです。日本が対米英強硬路線を突っ走るのは危険ではありませんか、と親切に忠告してくれたのです。

杉田　もう一つ、これは、僕もアメリカの態度について間違った判断を当時、したわけですけれども、こちらが南部仏印進駐をやらないとイギリスが泰方面に進駐してくるのじゃないかという心配もあったと思うんです。

それは、ヨーロッパでノルウェーにイギリスがドイツと競争で進駐したでしょう。イギリスは、うまいこと言っておるけどね、こちらが南部仏印に出ない場合に、泰に入ってきた場合に、二っちも三っちもいかないようになる。南部にも出られん、戦争にも出られんというようなことになりかねない。

という点もあって、僕らも、やはり南部仏印進駐は必要だと、防止というような意味から、そういう点を強調したように思いますな。

松田　これは、あまり重要な意味を持つ史実じゃないかもしれませんが、この問題を私が航空の戦略の問題から研究しました時にこういうことがございました。

それは、松岡外務大臣が南部仏印進駐を非常に反対する理由は、そこへ手をつければ、全面戦争になるというような言い方であったと思うんですけれども、いろいろ問答をしておる時に、南部仏印進駐をしないで、いざという時に、シンガポールまで攻撃が出来ないかというような話になったらしい。そういうことが、論議に出たんだと思いますね。

それに対して、作戦課のほうでは、土居さんからは、直接、聞いたことはないんですけれども、服部卓四郎〔中佐・作戦課長〕さんとか、岡村誠之少佐〔作戦班対南方〕、松前未曾雄少佐〔航空班長〕の回想などを総合しますのに、その時期は、さだかでなくて、六月の中旬ぐらいじゃないかと思うんですが、軍務局の永井八津次大佐（33期）が附添って、岡村、松前少佐が松岡さんのところへ行った。

官邸へ行って、夜、めしを食いながら話をしたというんですね。結局、マレー進攻作戦、シンガポール攻撃をやるためには、陸軍航空の足が短い関係で――海軍だって、大同小異なんですけれども――どうしても、南部仏印まで出ておかないと、いざという時、出来ないと。それを足の関係とかなんとかいって、ある程度、作戦計画を具体的に地図を持って説明したというんですね。ところが松岡外相は、「そんなことを、やらんでいいじゃないか。航空母艦を持っていってやれば、いいじゃないか」と盛んに言って、なかなか納得しなかったというんです。

しかし、航空母艦の用法については、すでにそのころ、大体、ハワイ方面に使うということは、もとよりおくびにも出しませんでしょうし、陸軍関係でどれだけ知っとったかは、ちょっとハッキリしないんですが、ともかくも、航空母艦はああいうところへは突っこめないと……。フィリピンもあるし、危ないということで絶対に基地圏でやらなければいかん、ということを力説しましてね。さんざんやった結果、「よしッ、わかった」と、こういうようなことで、そのことが動機かどうか、わかりませんが、手のひらを返すように、パッと同意したというんです。
あとで東条〔陸軍〕大臣が、あんなに反対しとったのが、簡単に変わったのは、どういうわけか？　といったところが、たちまちいまの戦略論で、向こうのほうから説明するように言うので、これはおかしいと。「誰か言うたやつがおるだろう」ということになって、だいぶ調べられたんです。
それは結局、解ったんですけれども、罰を受けるとか、なんとかということはありませんでした。大臣の許可を受けて行ったわけではないんですけれども、それで変わったというような一つの説があります。

奥村　その話は私、岡村誠之さんから伺ったことがあります。

原　松岡さんが、十五年のころは、いきなりシンガポールにバーッと行くっていうんで南部仏印の軍事基地の必要性を認めていなかったと。けれども、欧州から帰ってから、いまのようなお話で、作戦的に、どうしても必要であるということの理解が出たということは、事実だろうと思いますね。そういう話がありました。
ただ、六月の十二日、廟議で決まったにもかかわらず、二週間、粘るわけです。なぜ、粘るかという理由について、石井さんは、やっぱり、道義外交の精神に反する〔という主張なんです〕。松岡・アンリ協定〔昭和十五年八月三十日に締結〕以来、〔仏印に対して〕これ以上の要求はしない、と言うているにもかかわらず、また兵力進駐を言いだすということは、どうしても道義外交に反すると。

これは、天皇様の御了解が難しいというのが、彼の真意ではなかろうかというふうに言うているんですよ。松岡外相の真意は、その辺のところにあるんだと。天皇の御納得を得にくいぞ、というところじゃないかという感じがいたします。そういう面がありますね。

森松　松岡外相は、南部仏印に進駐したならば、米英との戦いになる虞(おそ)れがあるということを、盛んに陸海軍部のほうに言うので、陸海軍部のほうでは、対米戦争は、どうしても防ぐということを案に書いておりますね。

原先生は、南部仏印に進駐しても、米英との戦いにはならんと、陸海軍は判断しとったけれども、松岡外相を説得するために、こういう文句を入れたという具合いにお書きになっていますし、それと、松岡外相は、本当に米英との衝突になるということを考えておったのかどうか、ということは、どうなんでしょうか？

原　そこが矛盾するわけですね。帰ってきた直後では、シンガポール攻略論を盛んに強調するわけですよ。それとの関係ですね。本当に松岡は対米戦争を避けるために南部仏印進駐に反対したのかどうか。反対しているころには、独ソ開戦の情報はきているわけです。

松田　これは高山さん、山下大将とドイツから一緒にお帰りになって、「北方攻撃」ということについて、意見具申されたが、東条さん、杉山さんは相手にしなかった。松岡さんは、そのころは、先ほどのお話で、「北方を攻撃しろ」という意見を言われたことがあるんですか？

高山　松岡さんは、独ソ戦の直前ころまでは、〝北方攻撃〟という考えはなかったようですね。先ほども申し上げましたが、大島大使も独ソ開戦の直前になって、ヒトラーから、「日本も協力して、それをやってくれ」と言われたくらいなので、松岡さんは恐らく何も聞いていなかったろうと思いますね。

南部仏印進駐の好機はいつだったのか？

松田　この南部仏印の問題は、原さんの総合所見では、これが開戦の発火点、火ぶたを切ったということになるわけですけれども、航空の運用のほうから申しますと、どうしても、ここを取っておかないと、うまくいかないというのは、公式の結論だったんですが、いま考えてみて、北部仏印だけを取っておいて、南部仏印は手を出さないという考えも出てくるかとも思います。

国策で南方進攻ということを決定しました時期に、短期間にサッと南部仏印に出て行って、急速に基地化をして、シンガポール、マレー半島の攻撃は出来なかったかどうかという問題です。これは申し上げるまでもなく、今日のようにブルドーザーが存分に使えないといった、基地設定の技術能力という問題が非常に大きく関係しますし、航空母艦の用法なども当然関係があると思うんです。

航空母艦を存分に使ってやることが出来ますならば、南部仏印進駐というものを開戦決意直後にやっていくということも、絶対不可能ではなかったのではないか。しかし、私どもが十五年の暮から十六年の始まりに、南方のマレー進攻作戦を研究しました時に、そこは、ペンディング（保留）になっておったんです。どういうふうにやるか、研究問題として最後まで残されていた。それが戦争指導上、大きな意味を持つ結果になったんです。

原　私も結果論の反省としては、いまおっしゃるように、対米英蘭開戦の決意が出来た後において南部仏印には進駐をして、戦争準備の一環として航空基地を建設すべきだったと思うんですよ。

加登川　質問があるんですが、これは陸軍の立場での話で進んでいるわけだけれども、先ほどのお話で、南部仏印を〝好機南進〟の基地としてではなくて、つまり、好機南進しないのだから、受けて立つための基地として、というお話が随分出ている。それが陸海軍の間で話が決まったと。海軍には受けて立つという考え方は大体、ないんでしょう。

原　いや、海軍は受けて立つんです。全面禁輸を受けた場合、対日軍事的包囲態勢に対してです。

加登川　それが、受けて立つという意味ですか……。

原　そうです。

加登川　そういう意味では、防勢的なようだがその時には攻勢基地ですよね。

森松　実体は同じなんですよ。攻勢基地なんですよ。大南方のための攻勢基地なんです。ただ、目的は、受けて立つための軍事基地、積極的に〝好機便乗〟で出るための攻勢基地と、そこの違いだけです。

加登川　わかりました。それならば、海軍で軍令部総長が急に強いことを言い出した目的は、なんだったんでしょう？

つまり、先ほどの重要なる文書の線に沿って、当然のこととして永野軍令部総長は発言したのか。完成してしまった、対米七割五分戦備の全軍動員を持て余してしまったのか。陸軍の北進論を牽制するためであったのか。実相は、どうでしょうか？

原　対米七割五分戦備の完成に伴う「現情勢下に於て帝国海軍の執るべき態度」に基づいて、南部仏印は対米不敗の態勢を築くための天王山として、一刻も早く取る必要があるというので、やったんだと思います。ただし、陸軍の北進論が六月の六日、独ソ開戦情報電がきてから後、とみに台頭しますね。

それに対する、やや牽制の意味合いもあって「グズグズしてると陸軍は北へ向いてしまうぞ」というので、やったという意味合いもあるんじゃないかと思いますね。

森松　海軍では、六月五日の文書の結論的なものとして、「泰、仏印に対する軍事的進出は、一日も速に之を断行する如く努むるを要す」ということが一番の眼目であったという具合いに、〔海軍の〕岡軍務局長は言うておるわけですね。

だから、あの時の思想が、ここに表われておると思うんです。六月六日以降でなくて、五日の時の文書の結論ですから、その前からの海軍の思想であると……。それで、その文書の一つの狙いは、やはり陸軍の関心を北の方から南に引っ張りこむという狙いがあったんだということを、海軍は言うてますね。

松村　私は東条さんにも聞いたんですけどね、戦後に、土居（明夫）さんに聞いた話で、土居さんは当時の作戦課長ですね、作戦課長としては、高山君が言われたように「俺の考えは中央準備陣のつもりだった」とこう言っておりました。

それから、永野総長の意思転換の話ですが、これも、つい最近、聞いた話で、海軍〔出身〕の軍事評論家の大井〔篤・大佐〕氏の説明によると、例の海軍の石川氏が総長を説得したのには、油だけでは説得がなかなか出来ないんで、「油は別としても、アメリカの造艦計画からいって、来年以後になったら、アメリカの艦艇数はウンと増える。だから、今年以外にないんだ」と言ったら、それで納得したようだということでしたがね。

どっちが主か、それは解らない。石川氏の本心が、どっちだったか知らんけれども、永野総長を説得するための、一つの口実に使ったことは事実なんでしょうね。

高山　確かに、今のような空気はあったようですね。というのは、十二月の初旬に、どうしても開戦せにゃいかんということは、海軍は強く言っておりましたね。

〈解説〉 三国同盟を締結したあと日米関係は悪化する一方となりました。ドイツとイギリスは激しい戦闘をくりひろげている。そのイギリスを同盟国として公然と支援し

ているアメリカにとって、ドイツは準敵国。そのドイツと手を結んだ日本は、アメリカにしてみれば、同じように準敵国視せざるを得ないからです。

大日本帝国からみれば、昭和十五年一月いらいの日米通商航海条約の破棄という現実は痛手以上の危機的状況そのものです。軍事的にも国内需要的にも九割以上をそれでまかなっている石油の輸入が、いつとめられるかもしれない。ここは外交手段のあらん限りを尽くして、友交関係を元に戻さなければならないのです。

そこで十六年四月十六日から、そのための正式の話し合いがワシントンで始められました。これがいわゆる日米交渉で、その経過の詳細は省きますが、とにかくこれが国家の命運を賭した重大な話し合いであったことは事実です。

アメリカの厳しい対抗措置

加登川　それでは、お家のほうの事情はそうだとして、さて、しからば敵状判断は？　ということになりますが。つまり、日本の南部仏印進駐という事態について、アメリカの反応を、いかに判断をしておったか、という問題になると思います。これは、杉田さんから言っていただいたらいいか、原さんが設問を投げかけたがいいか、どうぞ、ひとつ……。

原　私は、前提として、こういうことを申し上げて、皆さんのご意見をお聞きしたいと思うんですがね。

松岡外相を追い出す政変が、七月の十七日ないし十八日に行われているんですよ。日米交渉を熱心にやるという第三次近衛内閣が出来たのが七月の十八日なんですね。松岡外務大臣を追い出して、豊田貞次郎〔予備役・海軍大将〕外務大臣を就任させる。

そして、日本側の「日米諒解案に関する第二次提案」を七月の十二日に大本営政府連絡会議で決めているんですよ。そういうことで、こちら側は、日米交渉に関して最大の努力を傾倒しているのですから、よもやアメリカが対日戦争を決意するが如き全面禁輸を行なうとは思わなかったということはいえると思うんです。

こっちは、そのつもりでおるのだから、それだけの熱意を持って日米交渉をやっているのだから、それを前提としてアメリカも考えるだろう。これを要するに、判断を誤ったんですな。間違いなく判断を誤った。

佐藤賢了〔当時の軍務課長〕は、対日資産凍結という言葉は、どういう意味か解らなかったというんですよ。岡村誠之さんが、〔参謀本部〕第二課における南方作戦主任の参謀ですが、経済断交を予見したならば、南部仏印進駐はやらないほうがよかったと、こういうことを、西浦進さんに言ったというんですよ。

杉田　資産凍結ということは、それだけ、僕ら知識がなかったといえば知識がなかったんで、そういうことは予想しなかったですな。従って、経済断交も、まだないと。先ほど原君が言ったように、四月十八日から実施しておった日米交渉というものが続いておるわけですね。続いておるわけだから、向こうの反応を見ておっても、まだ、交渉の可能性があるという考えが、やっぱり、われわれの頭を支配していました。

ただ、六月の二十二日、独ソ戦が始まった折に日本では独ソ戦は日本に有利だという判断が、ことにドイツ関係の方には、作戦関係の人たちはどうだったか知らんけれども、そういう判断が強かったように思います。

〔参謀本部の〕ロシア班関係は、ドイツがそういうけれども、なかなかそうはいかないんだという考えです。私ら英米関係からすると、独ソ戦になったということは、アメリカにとって有利に展開していく可能性があると見た。こういうところに、独ソ戦の影響についての見方が分かれておったように思います。

そういうようなことで、日米交渉というものが非常に難しい段階になったということは理解していましたけれども、資産凍結をし、あるいは、経済断交がやられるというようなところまでは判断をしていなかった。そこに、私自身においても非常に間違った判断をしておったということを、今日でも感ずるわけです。

解読されていた日本の電報

原　もう一つ、補足しておかなければならんことは、このころの電報は全部、アメリカに解読されておったということです。日本の外務省の電報は、三国同盟が締結された十五年九月二十七日に、アメリカは日本の外務暗号電の解読に成功して、暗号機械を半年かかってつくり上げて、十六年四月ごろ以降の日本の外務暗号電は、細大となく解読しておった。

それで、南部仏印進駐に関するフランスとの交渉の経緯なんかも、もちろん、全部、解読して知っているわけなんです。その内容を見ますと、かなり強いことが書いてあるんですな。最後通牒的な文句もありますしね。だから、これが解読されてなければ友好進駐ですから、平和進駐ですがね。ところが、アメリカは全部、こっちの状況を知っているんです。

松村　暗号の問題で、これも脇道の話ですけれども、当時、モスクワにいた日本の大使は佐藤〔尚武〕大使ですね。駐在武官は私の同期の、去年〔昭和五十一年〕死にましたが、矢部忠太だったんです〔両者の赴任時期から実際は昭和十七年以降の話か〕。

佐藤大使自身が外務省の暗号の危ないことは、よく承知しておったようで、矢部のところへ来て、「これからの電報は、重要なやつは君のところへ頼む。陸軍の暗号のほうが安全度が高い」と、いってたそうです。外務省の暗号は怪しいということは、外務省の人の中でも、そう見ていたのがおるようでしたね。実際、軍のを使った機会があったかどうかは、私、そこまで聞く間がないうちに矢部、死んじゃいましたけど、佐藤大使が矢部のところへ、そう言って頼みに来たそうですよ。暗号については、そういう状況ですね。

奥村　暗号の問題は、有名な「マジック」というやつで、アメリカでは日本の暗号を解いていたわけですが、当時、東京とワシントンの間の暗号は、海軍の暗号、機械暗号を使っていたんです。外務省の暗号ではなくて、海軍の九七式印字機という機械暗号を使っていて、それが解読をされていたということのようです。

そして、いつごろからというのは、いま原さんから、お話がありましたが、ハッキリした日は、もちろん解らないんですが、昭和十六年の二月、三月ごろの電報には、ボツボツそれらしいものが出てくるようです。

ただ、初めは、非常に時間をかけて解読をしておりますが、十六年十一月、十二月ごろでは、大使館よりずっと早く解読をしています。ただ、かなり誤訳があって、あれが極東軍事裁判で問題になった、「故意の誤訳」というふうにいわれる誤訳になるわけです。

〈解説〉 誤訳は確かに数多くあったようですが、なかでもいちばん重大な結果を招いた誤訳は、昭和十六年十一月四日の東郷茂徳(しげのり)外相から野村吉三郎〔予備役・海軍大将〕駐米大使に宛ててだされた訓電についてのそれではなかったかと思われます。「破綻に瀕(ひん)せる日米国交の調整については日夜腐心している……」(暗号にする前の原文)、これを英語で書くとこうなります。

「Our people are losing confidence in the possibility of ever adjusting them.」(暗号解読文)

これをアメリカの暗号解読班はこう訳しています。

「日米関係は、その破綻に瀕し、わが国民は国交調整の可能性に信を置かざるようになりつつあり」(暗号解読文の和訳)

同じ訓電でもう一つ、すごい誤訳があります。

「今次折衝の成否は帝国国運に甚大の影響ありて、実に皇国安危にかかわるものなり」(暗号前の原文)

「In fact, we gambled the fate of our land on the throw of this dice.」(暗号解読文)

これを和訳すればこうなります。

「事実、われわれはこの骰子の一擲にわが国土の命運を賭せる次第なり」

どうですか、これではわが日本が日米交渉の成立にそれほど期待をかけず、一か八かの賭け事でやっているにすぎない、とアメリカはみていたということになるのではありませんか。こうした疑惑を根本として、やがてハル・ノートへつながるともみられなくもないのです。

なお、ここでは略しますが、日本の外務省や軍部もまた、多くの誤訳に動かされていたという面も忘れてはならないと思います。

原　ハルは回想録で、「日米交渉開始のころ以降は全部、解っておった」といっていますね。手の内は全部、解っておったというんです。それが解っておらんような態度を野村大使にとるのに苦労をしたと、こういうことが回想録に書いてあるんですね。

ちょうど解読したのが九月二十七日、半年たって機械暗号を模造したというんですから、四月以降は細大となく取っていたと思います。

経済断交は予見できなかったのか

加登川　経済断交とか資産凍結とかというようなことになることが予見されていなかったというのだから、仕様がないけれども、予見されていたら止まったろうかという設問を、原さんが挙げておりますが、これは、どういう意味ですか。

原　私は、陸軍は、もし全面禁輸を受けるということが判断されたなら、南部仏印進駐はしなかったろうと思うんです。どうですか、高山さん……。

対米戦争を賭してまで、南部仏印に軍事基地を取るという考えを作戦課が持ち得たか。私は、なかったと思いますが……。

高山　南部仏印進駐の段階では、私どもも対米戦争が起こるとは予想していませんでしたね。また、そういった覚悟もしていなかったと思いますが……。

加登川　質問があるんですが、六月のはじめごろに、既にそういうふうに、仏印へ行って受けて立つ準備をしようじゃないかと決めていたとしても、実際上は禁輸発動までの間には独ソ開戦があるわけですよ。一方、これで、また天下の大勢が変わるという意見が大きく起こってきたから、これまた一つのチャンスじゃないかということで、止まれなかったんじゃないかと思うんですが、どうですか？

原　陸軍省の中には、独ソ開戦をもってまた、好機至れりという考えがあるんです。佐藤賢了〔軍務課長〕さんなどはね。そこで、また〝好機便乗〟思想が一部、台頭するんです。しかし、参謀本部に関する限り、海軍との間の折衝で、海軍は絶対に自存自衛の場合においてのみ大南方をやるんだ、ということは骨身にこたえてますから、好機便乗思想というのはないんです。参謀本部、特に第二十班には、辻（政信）さんなどはともかくとしましてね、ないんです。

実際のところ、六月六日の独ソ開戦情報電が来た直後において、多くの課長がやってきて、南方をやれという意見も出ることは出たんですが、南方は海軍がやらないから駄目だ、となったんです。そこで、また北に陸軍省部の大勢が行ったんですね。

〈解説〉服部と辻については、拙著『ノモンハンの夏』（文春文庫）で、ややくわしく書いている。昭和十四年九月、ノモンハン事件の停戦協定が成った。その直後に二人ともやや閑職に飛ばされたが、そのあとのこのコンビについてである。少し長く引用する。

〈服部は一年後の、小松原が死んだ十五年十月には、なんと三宅坂上の参謀本部作戦課に栄転してきた。ただちに作戦班長となり、翌十六年七月には作戦課長に昇格し、八月には大佐に進級する。辻はやや遅れるが、十六年七月にひっぱられて参謀本部員となり、作戦課戦力班長として服部作戦課長を補佐し、太平洋戦争の発動に得意の熱弁をふるうのである。（中略）

服部作戦課長はいった。

「（中略）北にたいしては、ドイツ軍の作戦が成功してソ連がガタガタの状態になったら、北攻を開始する。いわゆる熟柿（じゅくし）状態を待つ。南方にたいしては好機を求めて攻撃を決断する。すなわち『好機南進、熟柿北攻』の方針あるのみだ」

（中略）若い参謀が反論する。好機南進はかならず米英との戦争となる、独ソ戦の見通しもつかないうちに、日本が新たに米英を相手に戦うなど、戦理背反そのものではないか、と。

辻参謀が、とたんに大喝した。

「課長にたいして失礼なことをいうな。（中略）課長もわが輩もソ連軍の実力は、ノモンハン事件でことごとく承知だ。現状で関東軍が北攻しても、年内に目的を達成するとはとうてい考えられぬ。ならば、それより南だ。南方地域の資源は無尽蔵だ。この地域を制すれば、日本は不敗の態勢を確立しうる。米英恐るるに足りない」

若い参謀はなおねばる、「米英を相手に戦って、勝算があるのですか」。

辻参謀は断乎としていった。

「戦争というのは勝ち目があるからやる、ないから止めるというものではない。今や油が絶対だ。油をとり不敗の態勢を布（し）くためには、勝敗を度外視してでも開戦にふみきらねばならぬ。いや、勝利を信じて開戦を決断するのみだ」〉

当時の取材にもとづいて書いたものであったが、この服部・辻の北攻より南進の推進ぶりには、いささか驚いた記憶がある。これを「ノモンハン事件症候群」と名づけた人もいたことも思い出す。

加登川　結果的には大きなことになったけれども、実行された経済断交そのものというのは、結局きめ手でもなんでもなかった、ということですかね。

これが、むしろ、きめ手であったろうということですか、どっちですか？

原　経済断交が、むしろ開戦原因です。油が入らなくなった、だから、とんでもないことをしたわけです。

加登川　私の伺いたいのは、経済断交が予見されたならば、南部仏印進駐をやらなかったのか。要するに、当時の参謀本部としては、予見されたらやらんかったろうと、こういうわけでしょう。ところが、経済断交ということは、油が入ってこないということですね。そうしたら、予見できたら、ヤケのカンパチではあるけれども、ますます、やったんじゃないかとも思われるんですが、実相は一体、どうですか？

原　実際に、油が止まったならば、もうこれは戦争以外にないんだから、その時に開戦の決意をして、さっき言ったように、南部仏印に進駐をして、三カ月ぐらいかかって航空基地をつくると。それで大南方をやるということになったほうがよかったというのが、私の考えなんですよ。

天皇様がね、「南部仏印へ進駐しても大丈夫か？」ということを、参謀総長に御下問があったんですね。参謀総長が、そのとき、陛下の、全面禁輪を受けたあとの「お前は大したことにならないと言ったけれども、全面禁輸になって、とんでもないことになったではないか」という御下問に対して「いや、経済断交ぐらいは予期しておりました」ということを答えているというんですよ。私は、これはウソだと思いますね。

加登川　僕の、さっきからの質問は、経済断交を予見しておったならば、南部仏印を止めたろうか。つまり、仏印に行かなかっただろうかということなんですが……。

原　それは、よう、決意しきらなかった。

加登川　決意しきらんかったでしょう。経済断交ということは油が入ってこなくなるのだから、十日か十五日、あとにくるわけだが、それが先にきてね。つまり決心の時期が早くなっただけで、やっぱりやったんだろうと思うが、どうですか？

原　早晩、経済断交を受けるかもしれんということは考えておったんですな。しかしね、昭和十六年というんじゃなくして、早晩、経済断交を受けるかもしれんという不安、重圧は、絶えず陸軍省部の頭を支配しておったんですけれども、この時期において、(仏印に)出たならば経済断交を受けるとは判断しなかった。

奥村　杉田さんのお話で、英米課のほうで経済断交を予期していなかったというのは解りますが、陸軍全般に、そういうようでありますが、海軍とか外務省とかというところで、経済断交を予期するような意見はありませんでしたか？

杉田　聞かなかったね。そういうようなことがあれば、当然、われわれの間で話に出るはずだから……。

島貫　〔海軍軍令部作戦課の〕小野田捨次郎中佐は思っとったというんだよ。

杉田　このころは、海軍と外務省とは非常に密接な関係ですよ。それから、陸軍、海軍の電報は、われわれのところに全部、来るしね。お互い一週間のうちに何回となく打ち合わせするわけですからね。外務省や海軍が、そういうようなことがあれば、直ぐ解っただろうと思うな。そういうところで、私自身は経済的なことを余り重視しなかったことで、こういう間違った判断をするようになったんじゃないかと思いますけどね。

奥村　日本の指導者の中には、そういう判断をした者は、当局には実際いなかったということなんですね……。

杉田　あまり、聞かなかったね。

原　海軍の石川（信吾）軍務二課長は、戦後のことですが、戦史室に来られまして、私の質問に対して、「経済断交は受けるものと考えた」と、ハッキリ確言したんです。すなわち、むしろ経済断交を受けることによって対米戦争を誘発しようという考えがあったんじゃないかと誤解されても、やむを得ないようなところなんですよ。

それが、さっき申し上げた、「馬に水を飲ませることが出来た」ということなんですね。ハッキリ、そう言うたです。「自分は、経済断交を受けるものと判断した」と。

島貫　西浦〔進〕さんも、そういうことを言っておったよ。岡村誠之が、「経済断交を受けるのなら、やるんでなかった」と言ったところが西浦さんは「何、言ってるんだ。そんなようなことは、ある程度、計算しておったことじゃないか」と言っています。

原　西浦さんは、そうおっしゃるんです。私は、しかし、これはウソだと思うんです。

島貫　ウソかもしれん。これは、日本が負けてからはね……。

原　西浦さんのような人がね……。

杉田　負けてから、資産凍結とかということが解って言ってるんじゃないかと、私は思うんだな。

島貫　この西浦さんの話は、少し疑問なんだよ。ただしね、海軍の小野田捨次郎は、明らかに予測しておったというんだ。いまの石川信吾と同じ。

杉田　先ほど話があった、「経済断交を予見せば、南部仏印進駐を中止せしや」というのは、これは、予見しておれば、それで止めたかというと、実際は、もう、止められない状況だったと思うな。

加登川　私も、なんとなく、そういう気がしますね。

杉田　もう全般の大勢が、ずっとこう動いておるんだからね。経済断交で、いや、それじゃ止めましょうというような空気じゃなかったと、私は思うな。

加登川　私も、そう思われますね。

原　しかし、油が止まったならば、五ないし六カ月内に起たなければならんというのが、海軍の定論なんですね。

十五年の五月、欧州戦局激動の前に、〔海軍中央は〕中沢佑（たすく）作戦課長が統裁して、兵棋（へいぎ）をやっているんです。その図演で、「全面禁輸を受けたならば、五、六カ月内に起たなければ駄目だ」という一つの結論を出しているんですね。

だからわれわれは、全面禁輸即戦争だ、とこう思っているんです。それは、何べんも海軍から言われているんですよ。海軍は、決断する時期は二つある。一つは全面禁輸、もう一つは対日軍事包囲態勢が加重されたとき。

すなわち、シンガポールに太平洋艦隊が来るとか、重慶や成都にアメリカ空軍の戦略爆撃機がドンドン来るとかいうような場合にはやるというのが、海軍の牢固たる統一された思想であるということを、われわれは十分、骨身にこたえて知らされておったんですよ。

杉田　ところが、僕はアメリカと戦争をするかしないかということについて、参謀次長の塚田（攻・19期）さんのところ、それから〔参謀本部二十班の〕有末（次・31期）さんのところへ再々行って議論していたんですが、「対英米戦争、辞せず」とか「南方武力行使をやる」とか、強い言葉が国策として決定された折に、直接、参謀次長のところへ行って、「ほんとにアメリカと戦争せられる気持ちですか」と聞いた。

僕は当時、英米班長で、部長も課長もいるわけだけど直接行って二回ほど聞きましたよ。そうしたら、塚田さんは、「いや、それはそうじゃないんだ。ここには、そう書いてあるんだが、そう書かなきゃいかんのだ」と、こういうようなことを言われたよ。

原　七月二日の決定でしょう。

杉田　ええ……。

島貫　七月二日は、そうだろうね。

杉田　それから、七月からあとのやつがまた、あるでしょう。

原　九月六日ですか。「対米英蘭戦争、辞せざる決意をした」というのですね。

杉田　その折も、僕は行った。その折も、次長は、「いや、戦争する決意はしてないよ」と、こういうようなことを言われたね。

僕は、有末さんのところへは自宅まで行ったものだ。次長のところで、そう言われてね。そのころ、有末さんは、代々木の初台にいたんだよ。初台のうちへ行ってね、「ほんとに、そういう気持ちですか」と言ったら「そういうふうなことは考えていない。こう書かなきゃ、おさまらないから、こういうように書いたんだ」という説明だったな。

加登川　陸軍側のことは、よく解りました。そこで、先ほども、ちょっと話が出たんですが、海軍の強硬論者は、「経済断交を誘致するんだ」ということを言ったというんですが、永野軍令部総長など海軍の上層部のほうは、経済断交という事態を予期しておったもんですか？

森松　海軍の岡敬純軍務局長は、「予想していなかった」と書いておられます。「予想はしていなかったけれども、もし、日本が南部仏印進駐をしなかったならば、英米の方が先にやってくるかもしれないという切羽詰まった気持ちであった」という具合いに述べられております。

第四章　独ソ開戦

「北進」か「南進」か

昭和十六（一九四一年）

二月十四日	野村吉三郎駐米大使がルーズベルト大統領と会談する。
三月二十七日	松岡洋右外務大臣がヒトラーと会談する。
四月十三日	日ソ中立条約が締結される。
四月十六日	野村駐米大使とハル国務長官の交渉が始まる。
六月二十二日	ドイツ軍がソ連領に侵攻する。

独ソ開戦の衝撃

加登川 これで、南部仏印進駐決定の経緯を終えて、すこし時間をまき戻して、お話も出ました、独ソ開戦に伴う日本の選択について話をしましょう。

原 独ソ開戦情報電は、十六年の二月七日に先ず、来栖（くるす）（三郎）大使からあったんです。来栖大使が駐独大使を辞めてヒトラーに挨拶に行ったときに、ヒトラーが言った言葉を電報したんです。それは、『木戸日記』に出てますが、天皇が大変ご心配になったということです。

つづいて、四月十八日、大島大使から、かなり確定的な独ソ開戦情報電報が入っている。それは、なぜかというと、「あれほど、松岡に独ソ開戦するということを言うたにもかかわらず、松岡はソ連と中立条約を結んだ。これは、おかしいではないか」ということを大島大使に言うた。その電報が、四月十八日に来たわけです。

一方、この四月十八日に、日米諒解案に関するアメリカ大使の訓電が来る。同じ日なんです。四月二十二日に、松岡外相は帰られて、それを連絡会議に報告します。

独ソ開戦情報に関して、リッベントロップやヒトラーの言ったことを紹介されるが、松岡さんは六分四分と見ているんです。「これはドイツの脅しであって、外交によって六分、戦争は四分」というようなことを言っている。

五月十三日は、坂西（一良・少将・23期）〔独駐在〕武官から「独ソ開戦は、もはや確定的である」ということも言うてくる。そして、「高山さんなんかの山下軍事視察団を、早く日本に帰せ」と勧めてくる。これは、〔山下視察団のメンバーだった〕西郷（従吾）さんが、ドイツ陸軍総司令部に挨拶に行ったところが、それまで駐日武官をしておった第二部長のマッキー大佐が言ったというんです。その電報が、坂西武官から来た。

これを受けて、参謀本部は、五月十五日に部長会議を開いて、「独ソ、にわかに開戦せず」という結論を出している。ヒトラーは二正面戦争の愚は冒さんだろうというわけです。

五月二十八日、松岡外相は対独メッセージで、独ソ開戦は止めた方が宜しいという個人メッセージを出す。それに対する回答として、六月二日～三日に、ヒトラーがベルヒテス・ガーデン〔ヒトラーの別荘〕に大島大使を招んで、「独ソ開戦は概ね決定的である」ことを言う。それが、六月六日に大島大使の電報になってくるわけです。

こうなって、参謀本部の大勢は北進論です。一方、陸軍省軍務局は、六月八日、会議を開いて、「ヒトラーは、支那事変の二の舞をやるだろう。そんなに短期に解決するものではない」というので、陸軍省軍務局首脳は〝熟柿論〟です。柿が熟して落ちたところで、拾うという徹底した熟柿論です。そこで、独ソ開戦に伴う国策の検討が行われ、「南部仏印進駐採択」を既成事実として国策案の検討が行われました。

次いで、六月十四日には「南北準備陣構想」を基調とする陸軍案が決定する。これは、櫛田さんの「業務日記」に残って、戦史室〔現・防衛省防衛研究所戦史研究センター〕にもあります。

六月二十四日、陸海軍は、これに合意しまして二十五日〜二十八日に連絡会議の討議が行われる。松岡さんは、対ソ主戦論を主張する。それに対して参謀次長の塚田さんは熟柿論を提案する。若干、渋くてもやる方ですが、とにかく情勢が極めて有利になったらやるというわけです。こうして、参謀本部は、松岡の即時参戦論に反対する。

二十八日には、「情勢の推移に伴う帝国国策要綱」、すなわち準備陣構想、北は「関特演」をやり、南は南部仏印進駐をやって、状況を見て北もしくは南をやるという準備陣構想を骨子とする国策が決まる。

ところが、六月三十日に、それをドイツに如何に通告するかという対独通告文の討議の段に当って、松岡外相が、「南部仏印進駐を半年ぐらい遅らしたら、どうか」と言う。「英雄は頭を転換する。自分はこの間までは南進論を言っておったが、いまや北に変わった」

というんです。松岡さんはなんとかして対ソ参戦ということを決定して、これをドイツに通告したいわけです。

〈解説〉松岡外相の変心については、ここに語られているように「英雄は頭を転換する」という言葉、あるいは「君子は豹変する」という言葉で、いろいろな史料に書かれています。しかし、本心はどうであったのか、については類推するほかはないのですが、当時外相秘書官であった加瀬俊一「日米交渉」(『日本外交史23』鹿島研究所出版会)に、そのことについてかなり面白いことが記されています。それをかいつまんで書いておきます。

独ソ開戦の報に接したとき、松岡は内大臣木戸幸一に「もしドイツ軍がウラジオストックまで進撃してきたら、日本の将来にとって由々しい事態となる。それゆえ早目にシベリアに出撃する必要がある」と語っている。外相は日本軍部がソ連に進撃する用意のないことを知ったがゆえ、北進を強調することで、南進とくに南部仏印進駐を抑える腹であった、と。

あるいは加瀬が記しているこの理由が松岡の本心であったかもしれません。松岡は

――ドイツの勝利を確信していましたから。北進こそチャンスと思ったのでしょう。

原　これに対して、及川海相は同意しましたが両統帥部は反対、近衛は「両統帥部がおやりになるというならば、やりましょう」というので、南部仏印進駐は断行することに決まる。

これが、七月二日の御前会議で採択されるわけです。このとき、原〔嘉道（よしみち）〕枢密院議長が、対ソ主戦論を述べる。

「独ソ開戦が、日本のため千載一遇の時期なるべきは、皆様も異存なかるべし。ソ連は共産主義を世界に振りまきつつある故、いつかは討たねばならん。現在、支那事変遂行中なる故、ソ連を討っても思うようにいかんと思うけれども、ソ連は討つべきものなり。国民は、ソ連を討つことを熱望しておる。

この際、ソ連を討ってもらいたい。三国条約の精神により、少しでもドイツに利益を与え得るよう努めてもらいたい。日ソ中立条約により、日本がソ連を討ったならば背信行為になるということがあるかもしれないが、ソ連は背信行為の常習犯だ。日本が、ソ連を討って不信呼ばわりされることは毫もない。私は、ソ連を討つの好機、到来を念願してやみません」という主戦論を、天皇の前でやるわけです。

そこで、陸軍省軍務局は〝熟柿論〟ですから、大体において関東軍の応急派兵程度でやるという考えでおったのにもかかわらず、東条さんは、この主戦論に気をよくしたか知りませんが、対ソ八十五万動員にハンコを押してしまうわけです。

真田穣一郎（大佐・軍事課長・31期）も反対したでしょうが、遂に動員にハンコを押しまして、在満鮮十六師団基幹の準備陣動員、約八十五万が下令されて「関特演」が行われた。このあと、一方において全面禁輸ということが起こった関係上、八月九日で年内／北方武力方式は放棄されたわけです。

加登川　事態は、正に、今おっしゃったように進んだが、ここで問題は、「独ソ開戦に伴う世界情勢の判断如何」です。これには、久門さんの例の「ヒトラー誤まてり」もあるし、支那事変の二の舞だ云々という判断もあった。だが実際上、圧倒的にヒトラーが勝つと思ったんでしょう。

「ドイツがウラジオに出てくる」

杉田　大体、そうだな。ここのところで、当時、ドイツがウラジオ方面まで出てくるようなことを言うものもいた。オランダにやられた折にも、「ドイツが〔オランダ領の〕インドネシアに手を出す。だから、早くやらなければならん」といわれた、そういう空気が同じく北の方でもあった。

それほど、ドイツの力を過信していたということがいえるんではないかと思う。それは今まで余り言われないけれども、そのくらい大きく考えておったところに問題があったのではないか。

高山　戦史の記録には出てませんけれども、山下視察団が帰る直前だったんですけれど、山下大将をヒトラーが呼びまして、「独ソ開戦をするから至急帰って、日本はシベリアを突つくようにしてくれ」という要請を受けました。

私は、すぐ起案をして、東条さん、杉山〔元〕さんに電報を打った。それに対して、武藤軍務局長からの返事で、「そういう国策的なことを、お前〔山下奉文〕に言うはずはない。早速、帰れ」という指示の返電が来て、山下大将が、えらく怒った。

私は報告文を起案して山下大将に随行して、東条さん、杉山参謀総長、次官、次長、軍務局長、第一部長ら六人の前で、山下大将がその報告をした。東条さんは、ちょっと苦い顔をしていたが、それはそれとして当時のドイツの空気は、二、三カ月でソ連をやっつけてしまうということを、パーティのときに私らにもドイツの最高統帥の幹部連中が話したくらい、ソ連は鎧袖一触という感じでした。

帰ってみると、参謀本部のドイツファンあたりもそういう印象でした。たまたま、私はドイツ側とのパーティの席上で、「日本は支那事変で、もうこりごりしておる。ソ連も領土が広いから、そう簡単に二、三カ月でやっつけるというのは、どういう判断だ」と聞きましたら、言葉を強くして、「必ず、やっつけるんだ」ということを言ってました。それを、帰ってからある席で報告したら、ドイツファンから、えらく怒られてしまいました。

その結果、間もなく「関特演」が発動されました。そのころの見通しとしては、二、三カ月は別として、ドイツが、あんなにソ連に手間取るとは、参謀本部では思ってもおらなかった。したがって、熟柿主義というか、ソ連がやられそうになったら日本も出ようという腹でおったことは間違いありません。冬になる前にモスクワぐらいはとって、大勢は大体、解るのではないかという判断を、当時は作戦当局は持っておりました。

そして、〈作戦課の〉久門中佐の「ヒトラー誤まてり」という言葉が、言われているように、一部には、確かにドイツは早まった、という見方をしていたものもありますけれども、大勢としては、もう少し簡単にソ連をやっつけ得るのではないかという考え方を、作戦当局では持っておったように思います。

ドイツが引っかかったのが、非常に意外だったという感じを持ちまして、いよいよ進展が難しくなったので、南進決意をだんだん固めていったというのが実情のように思います。

関特演の実施

杉田　独ソ開戦時の世界情勢判断のところで注意していただく必要があるのは、第二部長が岡本清福（きよとみ）（27期）さんです。欧米課長が天野正一（32期）さんです。みんなドイツ関係です。だから、第二部の情勢判断が、いかにドイツびいきであったかということが根本的な問題だということがいえると思う。

岡本情報部長と下僚、特に第五課（対ソ情報）との間にギャップがあったのではないかと考えるのが当たり前です。しかも、情報部長としては、独ソ戦だからソ連に聞けばいいというのではなくして、第二部全体として情勢判断をしなければならん。そういう点が、欠けていたのではないかと思います。

原　独ソ開戦情報という確定電報は来ましたけれども、最後まで半信半疑の気持ちがあったでしょう。

杉田　僕らは、まだ知らされていない。

原　これは、極秘中の極秘の電報でしたから……。

杉田　「関特演」があったということは、僕ら内地の参謀本部におって、終わってから初めて知ったんです。すべて秘密にしているでしょう。われわれは、それに関係ないというわけです。終わったころに、何かしらんゴソゴソやってるということが解ったわけです。

松村　「関特演」という名前は関東軍が勝手につけた名前でいわゆる秘密名称です。関東軍特種演習という名前で、秘匿したわけです。だからこういう笑い話があるんです。関東軍の者が、あるいは参謀本部の者か知りませんけれども、杉山〔参謀〕総長の前へ行って「関特演」という言葉を出したら、杉山総長が「カントクエンて、どこの城だい？」と聞いたという。杉山さんは北支におったから、あそこのいろんな城の話、知ってますからね。それくらい一般には秘密にしておった。

私はロシア課長になりましたけれども十月ですし、事は、私の前任者の磯村（武亮・大佐・30期）さんがロシア課長のときですから、詳しいことは知りませんが、当時の高級課員の林三郎〔中佐・37期〕が私が課長になった後も高級課員でしたから、大体の話は林から聞きました。

〈解説〉関特演とは正式には関東軍特種演習といいます。海軍次官沢本頼雄中将の日記が注目すべき記述を残しています。七月八日に参謀本部要員と懇談し、作戦課が策定した対ソ戦の作戦計画の内容について聞いたことをしっかり書きとめたものです。「7―13動員、7―20運輸始、8月中旬終了、兵数は現在の三〇万より七〇～八〇万となり、徴用船九〇万噸(トン)を要す（十六師団体制）、対ソ戦決意せば更に8D〔師団〕を増し、在満一〇〇万兵となる。24D体制」

陸軍はこの計画のもとにたしかに七月十三日から大動員をかけました。そして参謀本部は、国家意思の確定を「八月上、中旬ごろ、対ドイツ戦のために西送がつづき、極東ソ連軍の地上兵力が半減、空軍が三分の一に減じる情勢が見こまれる」時点とする、とおおよその計画をきめているのです。

しかし、現実にはこのような好機はめぐってくることはなく、大動員をかけたものの計画は空しくなっていったのです。そして逆に南進が決定的になっていきました。

松村　お話があったように、むろんロシア課（第五課）は、欧米課あるいは部長ほど、ドイツを甘くは見ていないんです。ソ連というものはもっと持久力があるのだから、そう簡単にはいかないと言ってましたけれども、ドイツが負けるとまでは思っていなかったようです。時間がかかるんで、うっかりすると、支那における日本のような目にあうぞというのが、大体、ロシア課のものの考え方のようでした。杉田君のお話のように、第二部の意見としては、もっとドイツを甘く見ておったというのが実情でしょう。

原　独ソ開戦という大島大使の情報電は全面的には信頼されていない。半信半疑なんです。そこで、参謀本部として統一した情勢分析は、おやりにならなかったと思う。独ソ開戦という事態を踏まえて、作文を書いたということだろうと思う。

二十三日に、いよいよ国策をどうするかということで、従来、研究した国策の線でいくかいかんか、というときに、岡本清福第二部長が発言した情報判断が、田中新一（参謀本部第一部長・25期）の日誌に、次のように載っています。

「独ソ開戦において、ソ連は虚をつかれたに非ずや。数カ月にて戦争終末となる公算大なるに非ずや。その結果、現政権崩壊の時代を促進することとなるに非ずや。戦争、奇襲を受けたる場合、ソ連全体の危険大なるものありと判断せらるるも、ソ連にして退避作戦を敢行し得るとせば、戦争持久の公算も生ず。ただし、その公算は小さきものと見るべきならずや。要するに、作戦的には短期終結が公算大なりと見得るも、一方、戦争全般としては、その将来は予断しがたしというべきであろう」

多分、これは岡本清福さんの考えもロシア課の考えも入っていると思う。けれども、岡本さんは大体、短期終結という判断です。軍令部が、ちょうど六月二十二日に出した文書が残っている。やはり、短期終結の算、大という。

大島大使の電報の中には、リッベントロップが、こう言っていると書いてある。

「私が、あなたに言ったことは、いままで一つとして間違ってないではないか。ポーランド処理、フランス処理、ノルウェー処理、すべて、私の言ったとおりになっているではないか。今度も、短期に終結することは確実だということを言っている。ヒトラーも、地図を広げて説明する」

その電報を読んでいるわけです。〔陸軍省の〕武藤軍務局長、真田軍事課長、軍事課高級課員の西浦進、軍務課長の佐藤賢了、同高級課員の石井秋穂らが集まっての軍務局会議で、また参謀次長の沢田さんも、「これは全面的に信頼を置けない」と、おっしゃっていますが、六月二十三日の第二部長の情勢判断説明のときに、軍務局長、軍務課長、軍事課長、みな、参謀本部の総長の前の部屋に来られまして、この説明を受けて、よーッし、では従来、研究した線でいこうということになっている。

奥村　附け加えますが、これは日本の陸海軍の判断だけが間違っていたわけではないと思う。というのは、イギリスの当時の軍の情報部、それの影響を受けたアメリカの軍の情報部は、やはり短期終結ということで、「数週間ないし二、三カ月で戦争は終結するだろう」という判断をしています。

当時、ルーズベルトが非常に迷うのは、ソ連に軍事物資を援助したときに、ドブの中に捨てるようなものだという軍部の反対があって、ホプキンスというルーズベルト大統領の側近の男が、モスクワに行ってスターリンに会って、「戦争は急速には終結しない」という判断を出すわけです。ですから、日本の陸海軍だけが判断を間違えたのではないと、私は思うんです。

〈解説〉八月一日、日本への石油の全面禁輸を決定したときの閣議でヒトラー嫌いのルーズベルト大統領が力説した言葉が、スチムソン国務長官の日記に記されています。「ソビエト人たちはすでに六週間も戦闘をつづけている。ソビエト人達は武器を必要としており、六週間も前からわれわれは武器を送る約束をしているのだ。それなのに

ここワシントンではぐらかしてばかりいて、彼らのためには何も行っていない。いったいどういうことなのだ」

ルーズベルトは、実はドイツ軍のソ連侵攻がはじまって間もなくの七月二十七日、側近のホプキンスを個人的な使者としてモスクワに送り込んで、ソ連への武器援助をスターリンに約束していたのです。その時、スターリンは満面を喜びでくちゃくちゃにしつつ、こういったといいます。

「米軍部隊がソビエト戦線のどこへでも、米軍の完全な指揮のもと、来援することをわれわれは心から歓迎すると、大統領に伝えてくれ給え」

ルーズベルトのソ連贔屓は驚くばかりなのです。

第五章　御前会議

まだ開戦に慎重だった陸軍

昭和十六（一九四一年）

七月二日	第一回御前会議。（「情勢の推移に伴う帝国国策要綱」内に「対英米戦を辞せず」と盛り込まれる）
八月一日	米、日本への石油輸出を全面禁止。
八月十六日	海軍が「帝国国策遂行方針」を提案。
九月六日	第二回御前会議。（「帝国国策遂行要領」が決定される）

「対英米戦を辞せず」

加登川　では、七月二日の御前会議決定の国策の実体の問題に進みましょう。

原　七月二日の御前会議決定、「情勢の推移に伴う帝国国策要綱」というのは、要するに、「南部仏印進駐はやる。北は、まず関特演をやって、次いで情勢有利になったならばやる」と、二段構えなんです。海軍は、こういうことをいっています。「帝国は其の自存自衛上、南方要域に対する必要なる外交交渉を続行し、其の他、各般の施策を促進す」。これは、松岡が入れたんです。「之が為対英米戦準備を整え、まず『対仏印施策要綱』及『南方施策促進に関する件』に拠り仏印及泰に対する諸方策を完遂し、以て南方進出の態勢を強化す。帝国は本号目的の為め対英米戦を辞せず」

陸軍が、北をやるかもしれませんというので、海軍は南部仏印進駐までの考えだけです。それ以上に出る考えは絶対ない。にもかかわらず、対英米戦準備を整えて、まず南部仏印に出て、対米英戦争準備を強化す——とこういう文章を書いている。

次いで、また南方をやるように見えるけれども、そういう意思は海軍には毛頭ないんです。陸軍の北へいくのを牽制する、あるいは海軍が予算をとり、物動〔物資動員〕をとるために、「対英米戦準備を整え」とか、「南方進出の態勢を強化す」とか、「南方進出の歩を進め」とか、勇ましい文句を言っている。これは、岡軍務局長です。

石井〔秋穂〕さんが、えらいことが書かれたものだ、といってびっくりしている。要するに、この国策は、南部仏印進駐どまりであって、次いで南方に出る意思は海軍には絶対ない。北に対しても、情勢有利になったらやるというけれども、他力本願であって情勢有利にならなければやらない。たとえ、情勢有利になってやろうとしても、海軍は絶対に同意しない。国策の決定は出来ない。同床異夢と、国策は分裂するのですから、ただこういうものが御前会議で決められただけに過ぎないということです。

〈解説〉 昭和十六年に対米英開戦を決定するまでの過程で、御前会議は四回ひらかれています。その第一回が七月二日のそれです。何を決めたのか、それが重大事です。すなわち、

「帝国は……大東亜共栄圏を建設し……支那事変処理に邁進し、かつ自存自衛の基礎を確立するため、南方進出の歩を進め、また情勢の推移に応じ、北方問題を解決す」

簡単にいえば、南部仏印への軍を進める、南進です。北も都合によっては（つまり極東ソ連軍の半減など）そのときにやろうじゃないか、というわけです。そして肝腎

なのは次のことです。

「本号目的達成の為対英米戦を辞せず」

国家として〝戦争決意〟を公式なものとして、運命的な決定をした会議であったわけです。そしてこの御前会議の〝決意〟決定にもとづいて「いよいよ南進だ」と、七月二十三日、北部仏印にとどまっていた軍隊を南下させる、あるいは船で海から上陸させることを正式に決定したのです。

原　島貫さんは、なぜ、あのとき北へ出てやらなかったかとおっしゃる。ところが、北へ出たならば全面禁輸を受ける。アメリカは、ルーズベルトは共産主義に対して非常に甘い。北へ出たならば、南でなくても全面禁輸をやる。そうなると、北へ出たら全面禁輸を受ける。南にも出なければならない。南北二正面戦争に追い込まれる。いみじくも、石井秋穂さんは、そう判断している。

参謀本部が、北へ出るという。もし、北へ出て全面禁輸を受けたらどうするのだ、ということを石井さんは言われる。それは、達見であったと思う。北へは出られなかった。

全面禁輸＝戦争が海軍の定論

原 その事情は、こうです。南進論が欧州戦局激動に伴って出ました。それは、英一国を相手にする南進論と、好機便乗の南進論とあって、この間、物的国力判断をやったところが、米英不可分だという思想が出てきた。山本五十六によって、絶対不可分だということになったということは、昭和十六年の二月ないし三月にハッキリするわけです。

同時に、戦備課の物的国力判断で、非常に不安なことが判明するというのに、陸軍は、もう南進を止めたというわけです。けれども、泰と仏印だけは、いわゆる「小南方」だけは、これは、どうしても必要であるということで、しかも、南部仏印の軍事基地として必要だと、これは維持する所要機関として私服が行って、兵力進駐ではなかったわけです。

ところが、七月に突如として進駐になった。それで全面禁輸を受けた。ところで、海軍では、全面禁輸を受けたら、わが海軍は五ないし六カ月後に起つというのは定論になってるんです。陸軍に関係ないんです。

それで、海軍の方から戦争準備を十月末を目途にしてやって、十月中旬になっても駄目な場合には、実力を発動するという海軍の意思表示がある、というふうに進むんです。それに、陸軍は乗ったわけです。

加登川　そこまで言ってしまうと、先走っちゃう……。

原　その筋書で進むんです。その間に、国力、戦力などの問題について、陸軍は余り検討する余裕がないんです。物的国力判断は一月から三月までの間に済んでるんです。

加登川　ところが、南部仏印進駐という形で、全面禁輸を受けた。

原　それでもう、お手上げなんですよ。

加登川　お手上げだということで、それが、そのまま戦争に行ってしまったのなら、話はすこぶる簡単なのだがね。

原　南部仏印進駐して全面禁輸を受けたら、海軍は戦争決意を濃化して、全面的戦争準備をドンドンやるわけです。そして、十月中旬になっても駄目な場合には、実力を発動すという海軍案が、意思表示できたわけです。それを受けて、陸軍は九月六日の御前会議へと進むわけです。

その間において、作戦当局は実際に作戦計画の立案をやってますが、国力問題について一体、戦争遂行可能かどうか、という問題は余り深刻に行われていない。

加登川　ということになりますか……。

高山　いや、私は、そう簡単なものじゃないと思います。

加登川　そう、そんな簡単なものじゃ、困るんだ。

物が入らなくなった

高山　私は作戦課にいまして、大東亜戦争が発足した場合の見通しをやらされた主任者なんですよ。戦争直前になりましても、統帥部はもちろん、それから軍政当局も、果たして、戦争をやって勝ち目があるんだろうか、また、物の関係はどうだろうか、戦争になって飛行機や大砲は出来るんだろうかということは、大問題だったんですよ。

そこで、私は、陸軍省に連絡し、企画院にも連絡をして、物的国力あるいは兵器などの軍事生産能力を克明に見通しに書いて上奏され、また、会議にもかけられて、一応、まとめたんですけれども。お話しのように、戦争は確かに物の関係から始まったんですよ。

資源のない日本としては、南方から油が入らなくなった、そのほか軍事資源が入らなくなったので、どうにも仕様がないということで、結論的には戦争に踏みきったんですけれども。そんな簡単なものじゃなくて、どうにか、ほかに方法はないだろうかということも検討され、戦争になった場合には、南方から物が入り軍事生産が出来るだろうかということも慎重に検討されて、天皇陛下にも上奏して、御決断をいただいた。私はこの戦争は物によって始まり、物によって終わったというか、ミッドウェー海戦などで海軍力が駄目になってしまったから、だんだん、日本は負けてしまったと思う。作戦的見通しが結局は間違いまして、私も非常に責任を感じておるんですけれども、物が戦争の原因であるということ、したがって非常に慎重に企画院も陸軍省も統帥部も、それに関連して検討した結果であるということは、ハッキリ言えると思います。

結果的には、なんにも入らなくなってきたから、海軍が同意して始まったということは事実ですけれども、それに至る段階に、いろいろ検討したということは、皆さんご承知おきいただきたいと思うんですよ。

そこで、私の起案させられたこの見通しと、中原さんが先ほど説明せられたものと、ちょっと違います。中原さんの書かれたのは、恐らく実際の生産数、実績ですか？

中原　そうです、実績です。しかし一人でまとめたので、資料も何もないから五分ないし一割の誤差は認めてもらいたいと思います。

加登川　中原さんのものは、戦後のまとめですから、そのときには、「もうちょっと、上がるはずだ」という見通しもあっただろうし、また「上げるべきである」という意気込みもあったはずですから、それはよく解ります。

「鉄がない」と言えない

高山　それで、飛行機についてだけ例にとってみましても、十六年度の飛行機は三千四百、十七年度四千、十八年度四千五百と、これは教育用とか、交通用は若干、削除されておるんですが、中原さんの書かれた実績より、大分、下回ってるんです。

下回っているということは、陸軍省とも検討し、企画院とも連絡をして、夢のような希望ばかりは言えないというので、慎重にやったと思うんです。そういうことで、ほかにも爆弾とか、戦車とかもありますけれども、慎重に検討して、軍と政府関係とも交渉し、戦争指導会議などでも検討されて、これでは「戦争に踏み切らざるを得ないであろう」ということと、「戦争になっても、数年間の持久戦争は可能であろう」という結論に達して、御決断が下ったというように、私は考えています。

それと、もう一つは、櫛田さんの短期決戦論という論議もありましたけれども、戦争を始める段階では、統帥部も陸軍省も政府諸機関も、長期戦争になるであろう、少なくとも数年にわたる大持久戦争になるであろうということであって、その結果、勝つとは見通してないんですよ。

大持久戦争になった段階において、物もこういうように入り、戦争継続は可能であろうという結論で、それならひとつ「このまま手を上げるよりは、戦争に踏み切った方がいいのではないだろうか」ということになったと思います。

加登川　ありがとうございました。物動の面では、この席では、中原さんがたった一人だから、こう矢面になられるんですが、当時は軍事課の立場で、「あれほど言うたのに……」という気持は、今しますか？

中原　それは、大いにするね。私も作戦会議に兼任させられて、ときどき引っ張られたけれども、ズラーッと並んでおって、たった一人で「鉄がない」とか言えないですよ。当時の雰囲気は、本当に言えないんだ。岩畔（豪雄）さんがアメリカから帰ってきて、「中原、財界を集めろ。いや、駄目だ、これは……。行ってみてびっくりこいた。こんなことでは出来っこない」と。三回しゃべったら、〔岩畔さんは〕直ぐ第一線へやられたでしょう。そういうわけで、当時の雰囲気は、言えないです。しかし、言えるだけは言ったですよ。岡田戦備課長も国力判断をなすって「これは、えらいことになるぞ、国力が半分になっちゃうぞ。だけど最終決心は、統帥のおやりになることだ」ということから、可能性のようなことも、最後に付け加えられるもんだから、それがまた国力があるようになっちゃう。実際は、ないんだよ。

〈解説〉軍事課長岩畔豪雄大佐がアメリカ出張から帰国したのは、十六年八月。帰ってすぐの同じ八月に仏印駐屯の近衛歩兵連隊長に飛ばされ、以後、二十年九月まで日本に戻ることはなく、前線で戦いつづけていました。軍部の人事はいかに情実や「お友達」で左右されていたかがよくわかります。

アメリカによる資産凍結

原　陸軍省軍務局の意見は、軍事課高級課員の西浦進、軍務課高級課員の石井秋穂、軍事課長の真田穣一郎、軍務課長の佐藤賢了、軍務局長の武藤章が、陸軍省の意見を代表して発言するわけなんです。それを受けて、参謀本部が行動するわけです。中原さんが、そういうお考えを持っておっても、中原さんのご意見は参謀本部の作戦当局に、余り入ってこないんです。
七月二十五日、アメリカによる資産凍結ですね。けれども、参謀本部二十班、そのほか、参謀本部の多くは、これは全面禁輸ではないと思ってるんです。ルーズベルトは、少なくとも油はくれるだろうと判断した。そう「戦争日誌」にも書いてある。それは、私が書いたんですが、私自身の意見ではなくて、参謀本部全般の空気を書いてるんです。

〈解説〉 参謀本部第二十班（戦争指導班）の『機密戦争日誌』七月二十五日の項を引く。

「（前略）米大統領今迄日本に油を供給したのは南太平洋の平和を欲したるに在りと演説す。『日本の南進に依り今や遂に平和は破る。全面禁輸も已むなし』と云うが如き口吻なり。当班仏印進駐に止まる限り禁輸なしと確信す。大統領日本国内動員を南進と誤断したるか。（若し禁輸をするとせば）何れにしても数日中に米動向判明すべし」

原　〔海軍〕軍令部の第一部直属の戦争指導の小野田捨次郎も同意見で、これは、全面禁輸ではないと言った。ところが、八月一日以降、一滴の油も入ってこないということが解るんです。石井秋穂さんは、この間、じいっと考えておったというんです。これは、油が止まるのか、止まらんのかということを、そればかりで、アメリカの動向を見つめておったという。

八月一日になって、いよいよ全面禁輸ということが解ったので、あの人は、直ちに対米開戦の決意を起草して、廟議決定の叩き台にすべく行動を起こしたけれども、武藤軍務局長が、これを止めたんです。

「本件は、海軍が主導権を握るべきものだ。従来、ややもすれば、陸軍がイニシアティブを取ったけれども、本問題は、陸軍は、やっちゃいかん。海軍からの意見を受けてやる」ということで、石井さんは、その案を引っ込めたんです。そして、八月一日から十六日まで陸軍は、じいっと煩悶しておったんですよ。

その間、高山さんは、いろいろご研究になったでしょう。なったでしょうが、煩悶しておられたはずです。アメリカとの戦争は大問題だ、自信はないと、悶々としておられた。種村佐孝〔中佐・参謀本部部員〕のごときは、「三国同盟を脱退して、交渉を続行しようではないか」と言っています。

八月十六日に海軍側から、「帝国国策遂行方針」という提案が、海軍の意見としてあったんです。これは、十月末を目途に戦争準備を完成する。その間に外交をやるんですが、「十月中旬になっても、目的を達成しない場合には実力を発動す」という趣旨の文章なんです。

それを受けて、田中新一〔参謀本部第一部長〕が猛然と、「まず、戦争決意をしてから準備をすべきだ」という主張をして、「対米英蘭戦争を辞せざる決意」のもとに、外交と戦争準備を並進してやる。そして、十月上旬になっても達成せざる場合においては、直ちに対米英蘭開戦を決意すという、九月六日の御前会議決定が採択されるわけです。

この間、高山さんは、もっぱら検討を続けられたわけだが、「戦争すべきや否やの問題」は、もう越えているんですよ。油が止まっちゃったんだから、どうにもならない。油が止まったら、二年以内に無敵艦隊は無動艦隊になるんですよ。日本の国力は、一年半で萎靡（いび）してしまうんですよ。海軍は油が止まれば大変なんです。だから油が止まる即、戦争ということは、全海軍を統一した思想なんです。

もちろん、駄目な場合に、戦争否定ということになるかもしれんけれども、作戦当局では、田中新一が戦争を辞せざる決意、戦争決意において戦争準備をするのだと強硬に主張している。だから、私は、「油が止まった、それッ」というのが、極端な言い方ですけれども、決定的な戦争の動機と考えているんです。

参謀本部内の空気は?

松田 大体、解ったんですけれども、いまお話がございました十月の二十四日の大本営政府連絡会議に出された、先の見通しの資料のところによりまして、ぎりぎりのところ、その数年間の見通しの中で、「南方資源地帯を占領して、いわゆる不敗態勢をとれば、戦勢は、わが方が有利である」という言葉がございますね。

これは、さっきのご説明では、勝てる自信はなかったというようにおっしゃいましたが、若干、ニュアンスに矛盾があるように思いますけれど、実際のそのときの真相は、どうでしょうか? 作戦課の中の空気を、ご紹介願えませんか。

高山 私の申し上げようが不十分だったかもしれませんが、数年にわたる見通しを書いてあるんですが、結果として〝勝つ〟ということは書いてない。長期不敗態勢を確立して、とにかく、戦争は長期持久戦で進むんだ、ということなんです。

だから、〝負ける〟とも書いてないんですけど、勝つとも書いてなくて。その間、世界情勢の変転などと相まって、和平に持っていくだろうというふうなことを、言外ににおわせた記述であって、勝つとも負けるとも書いてないということを申し上げたかったんです。

松田 作戦課の中の研究としまして、第二段の作戦計画は具体化されていないのでございますが、どうでしょうか。持久戦争の内容について、数年……大体五年ぐらいという見当ですか？

高山　そうです。

松田　五年ぐらいの見当で、どんなふうな経過を辿るかというふうなことを、こと細かに兵棋(へいぎ)演習は出来ないかもしれませんが、特定のメンバーで研究したというようなことがございますか？

高山　一、二の例を申し上げますと、豪州方面に対する作戦、それから、軍務課長をやっておった佐藤賢了さんあたりは、アメリカ本国に対して挺身隊のようなのを数個持っていったらどうかというふうなことや、あるいは米国と豪州方面を遮断する作戦とか、ハワイに対する上陸作戦とか、個々の問題としてはあることはあったんですけれども、しかし、それによって、徹底的に決を求めるということの成算のあるものではないです。作戦計画として開戦前、あるいは開戦後、いろいろ研究はいたしております。

〈解説〉大本営政府連絡会議で、陸海軍の中堅によって策定された〝戦争終結論〟が最終決定されたのは十一月十五日です。少々わかりやすく書くとつぎの四項目の場合

ということになります。
一、初期作戦が成功し、自給の道を確保し、長期戦に耐えることができた時
二、敏速積極的な行動で重慶の蔣介石が屈服した時
三、独ソ戦がドイツの勝利で終わった時
四、ドイツがイギリス上陸に成功し、イギリスが和を請うた時
――いずれにしても、要するにドイツの勝利をあてにしているのです。ドイツがソ連を叩きつぶすか、イギリスがドイツに降参したら、あるいは蔣介石が手をあげたなら、さすがのアメリカも戦意を失うであろう。したがって講和のチャンスが訪れてくる。だからそれまではつらい長期戦になろうと頑張ろう、というのが結論であったのです。まさに他人の褌で相撲をとるという厚かましさでありました。

全面禁輸になるとは思わなかった

奥村 原さんのお話では、油が止められれば戦争になるのだと、海軍では決まっていたというお話でございますが、そうしますと、蒸し返すようでありますが、南部仏印進駐のときのアメリカの反作用、リスポンスの判断の問題にもう一遍なると思いますが、南部仏

印進駐したら、アメリカがどういう反応を示すかということについて、陸軍と海軍の間で話し合いとか、共同の研究ということがなかったんでしょうか？

原　いや、それは大本営政府連絡会議の席上、外務大臣が盛んに「南部仏印に兵力を入れたら火がつくぞ」ということを言われていましたね。

それに対して、陸海軍統帥部長は、それを重視しなかった。杉山さんは天皇に後で、えらいことになったではないかと叱られるわけですが、油が止まるという判断は、両統帥部首脳はしていないと、私は判断しますね。

奥村　統帥部の首脳はそうだとして、原さんのような若い幕僚の方の間にも、そういうものは全然……。

杉田　南部仏印進駐の折りには、僕らは、やっぱり全面禁輸されるとは判断していなかったんです。大体、非常に悪くなる公算はある。しかし、全面禁輸するとは思わなかった。それに、後から考えて、これは間違いだったと思ったんですが、その一つの原因はなんだったかというと、関特演です。

関特演ということは、僕らも全然、知らないわけです。アメリカ側から見れば、みんな知っているわけだ。関特演といって北へ行こうとしている。それが、今度は南へ来たということになって、いわゆる全面禁輸になるわけですね。ところが、われわれは参謀本部におるけれども、関特演は知らなくて、南部仏印に入ってから全面禁輸になった。

その原因は何か？　と考えてみると、関特演がそうだという話を聞いたもんだから、自分は知らないで、相手ばかり見ておるわけでしょう。そこに、われわれの大きな欠陥があったというように、当時、すでに思っておりました。

日本の戦力を高く見る

杉田　それから、先ほどあった物の面で、私は直接、関係はないんですけれども、当時、私は〔軍事参議官の〕東久邇宮稔彦（ひがしくにのみやなるひこ）（大将・20期）さんの副官を兼任していたわけです。だから、僕は殿下に報告するということで、戦備課などへ行って、いろいろ尋ねるわけだ。僕は油や鋼材の関係とか物の関係からして、アメリカと戦争しても駄目じゃないかということを話すわけです。

当時、燃料課には、アメリカへ行っておられた中村儀十郎〔大佐・32期〕さんがいるわけだ。それで聞くと「いや、君、上へは話せないんだよ」という。だから僕は、燃料課長をやっている人が上の方へ話せないなんて「あなた、しっかり言わなきゃいかんじゃないですか」と言っても、もうサジを投げたような格好だった。

そういう空気が陸軍の中にもあり、参謀本部の中でも、高山君なんか、どうだったか知らんけれども、どちらかと言うと、アメリカの戦力を低く見て、日本の戦力を高く見るような空気が、首脳部の中に流れておったような感じを、当時、持っておりました。

それから、さらに私の直接のことですけれども、そういうような関係で、僕は班長だったけれども、当時の東条さんの秘書官に直接話して、アメリカの事情を報告するからと、夏以降、とにかく東条さんのところへ三回行きました。

その折りに、私の印象に非常に残っているのは、第一回目に、「アメリカの戦艦が二十三隻ある」と説明したのに、二回目に報告したのには「二十二隻」と言ったらしいんだ。

東条さんは、前に報告したのを、メモにちゃんと書いてあって、「お前は、前に二十三隻あると言っておった。いま二十二隻というのは何ごとだ」と言って叱られた記憶があるんだけれども、その折りに僕は「国力ということを考えなければいかん。それがうちの大臣は、どうも軍艦のことを一所懸命になっておられるようで、これはどうも考えが少しおかしいぞ」という感じを持ったわけです。

そういう国力に関する感覚が、上の方に欠けておったという点が、僕はあるんじゃないかと思います。それから、下から報告するのが、そういう関係で十分報告できなかった。中原君が声を大にしているけれども、上の方に達してはいなかった。

それから、もう一つ、ここで関係があるように思うのは、やっぱり、三国同盟でドイツが勝つという潜在的な観念がずうっとみんなにあるから、なんとかなるだろうという気持ちで動いておったということです。

さらに、海軍に関する認識が、僕もそういう感じが、後から特にするんですけれども、「アメリカと戦さをするのは海軍で、陸軍がやるんじゃない」という気持ちが、陸軍の首脳部のどこかにあったと思います。そういうことが重なって、物量の問題に影響してきておるんじゃないかと、私は思うんです。物量の細部のことは、僕は知らんけれども、そういうようないろいろな要因が、そこに入っておったと思います。

三人の主戦論者

神田　門外漢として、ちょっと高山さんにお伺いしますけれども、大東亜戦争の本当の和戦の関頭に立つまでに、参謀本部の作戦課の幕僚間で、いろいろ、ご討議があったと思うんですが、その際、反対した人は誰もなかったんですか？　それとも、あったんですか？

高山　開戦するかどうかについてですか？

神田　長期の観点に立って、対米戦争に勝利の算を求めることは難しい。しかし、負けることもないかもしらんという、高山さんのさっきの、戦局観をご起案なされた当時において、「この戦争が果たして、どうかな」という疑問を呈された幕僚は、一人もいなかったんですか？

高山　戦争開始の問題は、仏印進駐以前から議論になっておったんです。当初は、作戦課も大部分、反対なんです。竹田宮様〔恒徳（つねよし）・少佐・42期〕もおられましたし、ほかに数名おりましたけれども、若手参謀は大体、反対しておったんです。反対という意味は、戦争しても、勝つ見込みは少ないんじゃないかという観点からなんですよ。

非常な推進力になったのは、辻政信参謀と服部卓四郎作戦課長と、田中作戦部長なんです。この三人が、非常な勢いで主戦論者なんです。

ほかの大部分は、慎重論だったんです。なぜ慎重かということは、さっき申し上げたように、いろいろ検討してみても、勝つという決め手がないじゃないかということなんです。そこで問題になったのは、しからば、どうするんだということです。

アメリカとの交渉、重慶方面との交渉から早期に支那事変を解決する方法もないし、それから、ことに、全面禁輸を食らってからはそうですが、その前の段階からアメリカが中に立って、平和的に収める方法はないということが、だんだんハッキリしてきたんですよ。言いかえると、大陸から無条件に撤兵するか、しからずんば、戦争か、どちらかということで、われわれ、みんな迫られたわけなんです。

重慶との交渉、対米交渉、あるいは、いろいろな方法による交渉が初めて、われわれに聞かされるんですが、いずれも不可能に近いような状態であるということで、戦争以外に方法がないと。ことに、軍人としては、このまま、勝つか負けるか解らないのに、引き下がる手はないということもありまして、それで、開戦ということに一致したんですが、いきさつは、そういうことです。正直に言って、端的に結論を言えば、あれまで、ずうっと進んで行ってしまった、この段階においては、開戦以外に方法がないであろうということに、みんな一致したわけなんですよ。

奥村 一致したのは、いつごろですか。

高山 南部仏印進駐のあとのころです。

神田 ある人から聞きましたら、戦死された島村矩康（のりやす）（参謀本部部員・36期）さんが、つぶやいたということなんですが、「果たして、この戦争をやって、どうかな」と言ったら、辻さんに一喝されて、おしまいだったという話ですが、そういうことはあったんですか？

高山　島村さんが、辻さんに一喝されたかどうかは知りませんが、辻さんは、確かに、そういう気力が充実しておりまして、猛烈な迫力があって、やってましたよ。さっき、杉田さんからも発言がありましたけれども、辻さんは極端でして、アメリカを馬鹿にしておったんです。

「アメリカ人は、婦人が優先する民族であるから、戦争が長期になれば、婦人の方から止めようという声が出て、戦争を止めてしまうであろう」というふうなことも言われて、アメリカを軽視しているというか、勝つのだということを強調するために、ことさらに言っておられたのかとも思います。

しかし、全般としては、そうアメリカを軽視したわけではありません。大問題だということは、考えておりました。それから、これも杉田さんからお話がありましたが、ドイツに対する認識判断ですが、私も山下視察団に随行していって、非常に責任を感ずるんですが、ドイツの戦力を過大評価しておったということは間違いないと思います。

杉田さんが、前から言っておられるように、米英に対する判断は、余り作戦当局の方では知らないんですけれども、ドイツの戦力は、必要以上に強調しておったということは、いま、反省させられます。それが、戦争に踏み切ったというか、長期持久戦になっても、ドイツがヨーロッパでやるから、世界情勢は、われわれに有利になるであろうという、やや甘い判断が、そこにあったと思います。

陸軍に深刻さがない

原　油が止まれば戦争だというのは、海軍の定論、統一思想なんです。それを、二十班とか軍務課は、相手から戦争指導の面から言って、具（つぶ）さに聞いてるんです。作戦当局は、この面において的確な認識があったかどうか、油が止まったら戦争になるという意識が的確にあったかどうか、私は、ちょっと疑問に思うんです。

なぜならば、八月一日、油が止まったにもかかわらず、杉山参謀総長や第一部長（作戦）は、関東軍から出てきた綾部〔橘樹（きつじゅ）・27期〕参謀副長らと、三江作戦、（満洲の）三江省から北に向かって武力行使する作戦構想について、まじめに作戦連絡をやってるんです。

八月九日になって、初めて年内北方武力行使は止めるということになったんですが、北方武力行使は、油が止まった八月一日以降は全く考えられないことなんです。そこで、少なくも杉山さんには、油が止まったら戦争という意識は深刻になかったんじゃないかという気がするんです。

また、陸軍作戦当局も、油が止まったら大変なことになるということについて、海軍がそう思っているということを、的確に認識しておらなかった形跡があるということが、私から言うと、ありますね。

高山　いいえ、そんなことはないです。八月の初めに、例のハワイ奇襲作戦を海軍当局が提案し出してから、明瞭に、それを肌に感じました。

加登川　八月一日、油が切れたということが明確になって、陸海軍は予期したことであったにせよ、予想外であったにせよ、最後の関頭に立たされたわけです。

〈解説〉以前、触れたように、山本五十六の開戦劈頭の真珠湾攻撃が海軍の作戦の中心に据えられたのは、十六年十月十九日のことでした。「八月の初め」から九月いっぱいまで、この連合艦隊司令部から提示されてきた作戦案をめぐって、軍令部では猛反対で聞く耳もたず。絶対不承知の言葉が渦巻いていました。海軍当局が陸軍にそれを提示することなど、およそありえないことであったのです。

「ハワイ作戦は戦理に反している。危険きわまりない」

「失敗の算のみが大きい。要するに大バクチだ」

これらの罵声や怒号に、呉から上京してきた連合艦隊先任参謀黒島亀人大佐が顔を真っ赤にして言い切りました。

「軍令部は総がかりでハワイ作戦を放棄せよというのですか。それなら山本長官は辞職するといっておられる。われわれ連合艦隊幕僚も全員辞職します」

さらに黒島は伊藤整一軍令部次長に面会を求め、その上の軍令部総長の永野修身大将の意見も聞きたいということになります。そこで永野はこういったというのです。

「山本にそんなに自信があるというなら、希望どおりやらせてやろうじゃないか」

まさに鶴の一声。国家の命運を賭する大事な攻撃作戦が、こうして、いわば情にからんだような経緯で、正式に決定したのです。それが十月十九日。軍令部の参謀たちは、主作戦はあくまでも南方諸島攻略、真珠湾はその支援のための従の作戦として、渋々とこれを認めることにしました。戦後になって、わたくしが取材した元軍令部参謀の何人かは真珠湾攻撃を戦後になっても認めようとせず、山本が余計なことをやったために、と口惜しがっていました。

第六章　東条内閣の成立

開戦への決意

昭和十六（一九四一年）

九月六日	第二回御前会議。（「帝国国策遂行要領」が決定される）
十月二日	ハル国務長官から「ハル四原則」が提示される。
十月十六日	近衛文麿内閣が総辞職する。
十月十八日	東条英機内閣が誕生する。
十一月五日	第三回御前会議。（十二月初旬の開戦を決意）

日米交渉について

加登川　私から一つ伺いたいのですが、「日米諒解案」に始まる日米交渉というものは、結局、妥結の見込みのないものに日本が踊らされ、アメリカに時間を稼がせただけのものだったのだ、ということになるものなのでしょうか。

杉田　四月十八日に、岩畔さんが中に入ってのアメリカの提案というのを、日本に送ってきますね。その折りには、陸海軍は軍務局長以下、これで、いいじゃないかという空気が圧倒的でした。僕は参謀本部の主任者だったからね。ええ、これで日米戦争は通りこせるんじゃないかという感じを受けた。

〈解説〉日米交渉のとっかかり、いわゆる叩き台としての「日米諒解案」について。わかりやすくいうために、作成の中心人物となった岩畔豪雄の手記「平和への戦い」（『文藝春秋』昭和四十一年八月号）を参考にします。

「野村大使司会のもとに、若杉、磯田、横山、松平（条約担当書記官）それに私と井川君が大使館で逐条審議に入った。試案の大綱に異議をさしはさむ者はなかったが、字句の修正はかなり多かった」

となっています。つまり岩畔がつくった試案をワシントンにいる陸海の駐在武官たちが集まって、それに外交官も交えて、逐条審議したことがわかります。その下書きをアメリカに示すと、米国側からも修正条項がだされてきて、ふたたび岩畔と井川とアメリカ側のドラウト神父の三人で討議しつつ、四月九日に一応の成案を得たものでした。

そこからこの「日米諒解案」をもとに、日米交渉がトントンと進むはずでしたが、ヨーロッパから帰国した松岡外相がこれを見ると激怒したことは、すでに本書で語られています。折角の「公式外交文書」候補として陽の目を見るはずのものが、たちまちに紙くず同然となってしまいます。

もっとも当の岩畔もこう書いています。

日米諒解案は条約案ではなく、日米首脳会談に先だち両国にわだかまる懸案事項の見解を統一しようとするものであり、「正常ルートによってまとめられた外交文書ではなくて、ドラウト師、井川君及び私の三人がデッチ上げたものであるから……」。

というわけで、折角の長々とした苦心の文書ですが、日米交渉の叩き台にもならない運命をはじめからもっていた、ということになるわけです。いま読むと、日本側の

――言い分のみがすべて書かれていて、対日強硬派のハル国務長官がすんなり受けいれるとはとても思えない文書であることは確かです。

杉田　ところが、ご承知のように、松岡さんが帰ってくるわけだ。そこで、延びるわけだ。その間に、陸軍内では、三国同盟を廃棄するのではないか、三国同盟の精神に合致しないという空気が出てまいりますね。それで、だんだん、おかしくなってくる。そこへ一番の問題は、私は〝独ソ戦争〟だと思います。独ソ戦争が起きてきたことは、アメリカの方から見れば、日本側に不利でアメリカ側に有利になってきていると見ている。

ところが、日本の軍首脳部は、どちらかというと、日本側に有利になってきてると見ているから、そこで、日米交渉の有利さぐあいが違ってくるわけだ。そこから、ずうっと行き違いになるわけだ。だから、基本的な考えの差が生れてきたので、私は独ソ戦争が一つの山であったと思います。

「日米諒解案」が来た折りに、近衛さんもそうだし、陸海軍大臣も、統帥部も、これならば交渉していけるというのを、松岡にポコッとやられる。そして、独ソ戦争で終わりを告げるということじゃないかと、私は思います。

原　「日米諒解案」が来ましたときに、陸軍側は、上も下も、これに飛びついたわけですね。ただ、軍務局長の武藤章は、「岩畔の野郎！　変なことをやりやがった」という気持ちがあったようですが、大体、陸軍は省部を挙げて上も下も飛びついた。私は、海軍も上も下も飛びついたと思っておりました。

ところが、海軍の下は飛びついていないんです。その理由は二つあって、一つは岩畔豪雄がやっているという、岩畔さんに対する不信感があるわけです。かつては、シンガポール攻略を主張した岩畔がやっているという不信感が一つと、もう一つは、これは何遍も申しますが、出師準備第一着作業で、出師準備が四月十日に終わった直後なんです。いまさら、そんなものが来たって、海軍中堅層としては困るんです。

そこで、現に軍務二課、政策課の藤井〔茂〕さんは野村大使に宛てて、「あなたは、うかうか、こういう交渉をやってはいけません」という、海軍大臣の名において訓令を出そうとしたんです。たまたま、海軍次官が代理で井上成美（後の大将）なんです。井上成美が、それを見て、憤慨して全部直しちゃった。井上成美さんは、事務当局が、あの構想に対して乗り気でないということに対して、非常に憤慨してるんです。私は、岩畔豪雄さんの日米国交調整案〔日米諒解案〕は、どちらかと言えば、マイナスだったと見るんです。これがなければ、戦争発起はおくれるか、日本はグニャグニャッといってしまうか、ともかく、戦争にならない可能性がなきにしもあらずだったと思うんです。

九月六日の御前会議

加登川　さて、皆さんがお話しされたような反省をもって回想される戦争ですが、日本は一歩一歩、これに近づいていくわけで、その経過の概要は、さらに詳しく問題点を注釈しながらお話し願いたい。

原　まず、九月六日の「帝国国策遂行要領」の決定です。すったもんだして、「対米、(英、蘭)戦争を辞せざる決意」という言葉が入って、「十月上旬になっても目途なき場合は、直ちに開戦を決意す」と、もう一回、開戦の決意をする段階があるわけです。それが採択されて、交渉が行われる。

〈解説〉開戦までの四つの御前会議の第二回のものが九月六日のそれです。決められたことは、「戦争を辞せざる決意の下に」もういっぺん対米交渉をやり直し、「十月上旬頃に至るもなお我が要求を貫徹し得る目途なき場合に於ては、直ちに対米、(英、蘭）開戦を決意す」というものです。中断していたワシントンでの日米交渉を再開するが、十月上旬になってもアカン、となればもう戦争だ、と決めたわけです。七月に決定した〝決意〟がここでは〝戦争準備〟となりました。

このとき、すべての説明を聞き、統帥部の決意発言も終わったあと、昭和天皇は突然、懐から明治天皇の御製をだして詠みあげられた。

四方（よも）の海みなはらからと思ふ世に
　など波風のたちさわぐらむ

御前会議においては天皇は無言のままであるというシキタリを破っての発言でした。それでこの御前会議は有名になりました。そして天皇のこの発言をうけて、近衛文麿首相は何とかアメリカと話をつけたいと張りきりまして、ルーズベルト大統領との頂上会談にがぜん熱が入ることになりました。

近衛・ルーズベルト首脳会談計画

加登川　次は近衛・ルーズベルト首脳会談という問題が出てきますが、戦後、やっておけばよかったのにという声もあるんですが、その問題について……。

奥村　首脳会談を非常に強硬に、やるべきであったと主張しているのがチャールズ・ビアード〔アメリカの歴史学者。著書に『ルーズベルトの責任』など〕なんです。アメリカには外交史に二つ立場がありまして、〝国際派〟と言われるルーズベルトの立場、あるいはアメリカの立場を支持するものと、少数派ですが、ルーズベルトの責任を追及する〝改訂派〟――リビジョニスト――と言われる、ルーズベルトを非難攻撃する、ルーズベルトがアメリカを戦争に引き込んだのだという立場とありますが、その改訂派の最も強力な人の中にビアードがいるわけです。ビアードは、ルーズベルト大統領が、積極的に首脳会談をすべきだったという意見です。

加登川　こっち側は、どうなんですか。そんなことやったって、出来るわけないじゃないかと、あっさり、やられたんですか。

原　かなりの期待を持ってたんですね。石井秋穂さんは、あの人は近衛一行の随員に選ばれて、非常に、やるせない気持ちを持ったといいます。

近衛が行って、ルーズベルトと会う。近衛は、恐らくルーズベルトの言うとおりになるであろうと。そのことを、中央に送ってくるだろう。参謀本部は、これに対して反対するだろう。けれども、天皇の優諚(ゆうじょう)でもって、全部、向こうの言うことも聞いて帰ってこざるを得ない。そこで、自分は非常にやるせない気持ちで、内命を受けて準備しておったと。だから、あの巨頭会談は成立の可能性が強いと見たんです。こちらの全面的譲歩によってまとまる可能性が強いと見たんです。

加登川　杉田さんも、関係しておられますね。

杉田　そうです。予定せられて、その準備を命ぜられましたよ。だから、真剣に考えておったんじゃないかと思います。

原　東条さんは、「既定方針を堅持してやりなさい。もし、だめならば、あなたは対米戦争の陣頭に立ってやりなさい」という文章を出して同意したわけです。及川さんは、口頭で「結構です」とやったわけだ。そこで、みんな準備をしたんですね。

加登川　近衛さんが向こうへ行って巨頭会談をやるというのは、ずっと後を引いたんですか。

原　八月四日に、そういう決心をして、八月六日ごろ陸海軍大臣に、文書で出してますね。すぐ申し入れをやったわけです。九月三日に、すでにアメリカ政府は、「だめだ」と言ってきているんです。ところが、なお、ずうっと続くわけです。近衛内閣が存在する限り、まだ巨頭会談を夢見てるわけですよ。十月二日の回答まで続くんです。船も準備したままで、開戦まで、あったらしいですね。

杉田　初めはハワイという話だったね。それから〔アラスカ州〕ジュノーになった。そういうように変わっていくんだけれども、とにかく、僕は十一月十五日までは、参謀本部の部員で待ったわけだ。

加登川　巨頭会談というのは、いまから考えてみると、惜しいことしたなということになりますが。

迫る交渉期限

原　さて、近衛首相は、巨頭会談に熱中する。けれども、陸海軍は、作戦準備を進めている。交渉は埒があかない。九月二十五日に両統帥部長が、「十月上旬と書いてあるけれども、十月十五日まで外交をやりなさい。和戦の転機は十月十五日であるぞ」という申し入れをするわけですよ。近衛公は準備しとった昼飯も食わずに総理官邸に帰って、「統帥部の言うのは、本当か」と言う。

東条さんが、「本当もウソもない。九月六日の『帝国国策遂行要領』に書いてあるじゃないか。書いてあるとおり言うたに過ぎない。しかも、〝上旬〟というのを十五日までにしたんだ」と説明される。

そこで、近衛は、びっくり仰天して別荘に帰っちゃう。鎌倉の別荘に。あの人は景気が悪くなると、すぐ逃げちゃうんです。かぜをひいたとか、なんとか称して……。

そうしているところに、十月二日にアメリカの口上書がくる。その口上書は、バレンタインが言うが如く、友好的語調で書かれている。今後の論議のために、門戸を開放しておくように……。しかし、会談終始の責任を日本に負わせるという趣旨で書いたのが、十月二日付口上書なんです。それを受けて、和戦の論議が紛糾するわけです。

十二日に、荻外荘会談になる。東条さんは、主戦論をここで主張したのではないんです。「交渉、目途なし」ということを主張した。〔すると豊田外相から〕この上は、全面撤兵をする約束をして、すなわち花を与えて居すわってしまえ。実を取るという方式は、どうかという意見が出る。東条さんは、これに不同意です。

及川〔海相〕さんは、いま直ちに戦争すべきか、交渉でいくべきであるかを決める時期である。もしも一たん交渉でいったならば、あくまでも交渉でやる。途中で戦争といっても困る。すなわち、「どちらかに、いま決めなければいかん。そして、それは総理大臣、あなたに一任する」。それが「総理一任」の問題です。

海軍大臣の無責任さ

原　及川海軍大臣の「総理一任」という発言ですが、明治憲法の第五十五条に、「国務各大臣は天皇を輔弼し其の責に任ず」とある。そこで、各国務大臣が天皇について責任を負わなければいかんわけです。重大なる国策の決定、そういう問題については内閣は連帯をしてやるのだ。それは、伊藤博文の『憲法義解』に書いてある。「責任を他に委譲することは出来ない」と書いてある。

ところが、及川さんは、正に「総理一任」なのです。戦後になって「総理一任」の意味は、交渉続行の別名であるといっている。戦争回避ということは陸軍の前では言えないから、交渉続行の変名として「総理一任」をいったのだと言っている。しかし、これは国務大臣として非常に無責任であり、天皇の統帥幕僚でもあるところの海軍大臣として、また、戦争の主体を演ずべき海軍の最高責任者として、海軍省の行政長官として非常に無責任であると思うわけです。

戦後になって、こう言われています。中山定義〔開戦時ブラジル大使館付武官補佐官・少佐〕という人がおるでしょう、海上幕僚長をやった人です。この人が旧海軍を代表して、文書をもって、こういうことをいうているんです。

「戦後、及川海相、永野元帥は、開戦やむなしと追い込まれた本当の理由として、あれ以上、海軍が反対すれば陸軍がクーデターを起こし、陸海相撃の内乱必至と判断したことを挙げている。また、そのクーデター計画は事実、存在した」

だから、海軍は同意したのだ、ということを、文書でもって戦史室に出している。これは全く事実無根であって、クーデター計画などはないです。誰もクーデター計画なんて知らないということを、戦後、海上幕僚長だった人が文書でもって防衛研修所〔現・防衛研究所〕長に出しているんです。これは、およそ歴史を曲げるものの最大なものだと思うんです。要するに、責任を回避したんです。陸軍の前では、そういうことを言わなかった。あのとき海軍大臣が戦争不同意ということになったら、陸軍はどうにもならんですよ。東条さんでも、どうにもならんですよ。

森松　これは、海軍側の方では若干異論がありまして、和戦の決を総理に一任したのではない。ただ、交渉するかどうかということを一任した。交渉するかどうかという件は、それ以前から総理と海相の間で協議されておりますけれども、中国から撤兵することによって交渉を成立させるようにということを、海相が総理に言っておる。そのことを、荻外荘の会談のときには一任したのだと、こういう意見を言うておるわけです。

奥村　私はこう理解してます。及川さんは、戦争するかしないかは国力の問題で、国力の問題は総理の範囲内だから総理が決めるべきだ、というふうに言っているように思います。

原　これは、戦争をするかしないかは、いま直ちに決めなさいということが一つと、そして、それは総理に一任すると言うたのが、東条さんが帰ってきて杉山〔参謀総長〕さんに示した内容なのです。また、陸軍省の事務当局に説明した内容なんです。それが記録に残っているんです。実質上、それは「和戦の決、総理一任」なんです。近衛は、そういうふうに理解をして「近衛手記」に「和戦の決、総理一任」と書いた。確かに、戦争をするか交渉を続行するかは、いま決めなければいかんということを、はっきり言っているんです。

東条を総理に推挙した理由

原　そこで、近衛内閣は、閣内意見の分裂で崩壊するわけですが、十六日に第三次近衛内閣が総辞職します。この間、近衛と東条との会談、東条と木戸との会談が行われますが、その間に木戸は東条に対して非常に信頼を寄せるわけです。近衛も、東条には考え方に幅があるというように思うようになるんです。必ずしも、主戦論じゃないと。

そこで、東条は呼ばれたんですがね、十月十七日の午前の重臣会議で、軍務局長以下、集まっている時に、東条に大命降下だと電話がくる。そこで、慌てるわけですね、武藤軍務局長は……。内閣書記官長は岸信介だとかいうんで慌てるんですが、しかし、半信半疑なんですね。半信半疑で、東条が宮中から呼ばれた時には、天皇から駐兵に関して譲歩しろという優諚が下るという考慮もあったんです。

それより前に、石井秋穂は、駐兵の絶対必要についての作文を書いて東条に渡してあるんです。東条は、それを懐に入れている。宮中から呼ばれて出発する時に、東条は「この意見は承っておく。しかし、俺は天子様の言う通りに行動する。天子様が右と言われれば右、左と言われれば左だ」といっています

かつて、田中新一が「東条内閣は宮廷内閣だ」というほど、東条の天皇様に対する忠誠心は最も旺盛なんです。天皇様の命のままに動くということを言うて、出るわけですよ。

それで宮中へ行きますと、今日は椅子を賜わらんというんですね。いつも、御下問の奉答がある時、お叱りを受けるような時には、椅子を賜わっているんですが、椅子を賜わら

んというんで、びっくりするわけです。なんだろうと思ったところが、「お前、内閣を組閣せい」と言われた。呆然自失するわけです。

そういう時には、「しばらく時間の猶予を乞い奉ります」と言って退がってきて、それで閣員名簿を奉呈して、天皇が任命するんですが、東条は呆然自失した。そこで、天皇様が、おっしゃったというんです。

「なにもお前、びっくりせんでいい。しばらく時間を与えるから考えなさい」

そして出てきたところが、別室に内大臣がおって、再検討の御諚を賜わるんです。同時に海軍大臣が呼ばれておって、海軍大臣には「陸軍と協力せよ、及川」という、天皇の直接の言葉を賜わるわけです。

そこで東条は、全部が自粛して国策を再検討しなければならんということを言うているわけですよ。輔弼輔翼の責任を負わなければいかん。一カ月前の御前会議で決めたものをひっくり返すような決定をすることについては、全部、責任を負うべきであると、臣節を全うするためにはね。それが、東条の意見なんです。

彼が組閣するということは、ちょっと筋が通らんわけだ。けれども「白紙還元、再検討」という御諚があったから組閣した。これは、宣誓供述書に書いてあるんですがね、組閣を決意した。及川海軍大臣に「どうですか」と言ったら、豊田副武海軍大将だと。豊田副武も呼ばれて、海軍大臣の待機の姿勢でおるんですが、東条さんは即座に忌避したわけです。「これは困る」と。

これは、青島攻略作戦の時の陸海軍の対立がありましたね。〔豊田は〕第四艦隊の長官で、青島攻略で取り合いっこをやったでしょう。そこで、東条さんは断わった。及川さんは帰って、首脳部会議を開いて、嶋田〔繁太郎〕海軍大臣にかわるわけです。

そこで、当時の沢本〔頼雄〕海軍次官が、あの時に後任の大臣を出さなければよかったと、そういうようなことも戦後、言われるし、それがまた『海軍戦争検討会議記録』〔毎日新聞社〕の中で、井上成美大将が、「なぜ、海軍大臣の推挙を拒絶して、東条内閣を流産に持っていかなかったか」という。「軍部大臣現役武官制の伝家の宝刀を、なぜ抜かなかったか」ということを言うているんですね。

しかし、そんなことは出来ませんよ。天皇から、そう言われているんだから……。それで、嶋田海軍大臣ということになって、国策再検討になるわけですよ。

――〈**解説**〉十六年十月十八日、東条英機内閣が成立し、最大の主戦論者が首相に選ばれたことに、世論はアッと驚きました。強力に東条を推したのは内大臣木戸幸一で、彼の思惑は、「東条ほど陛下に忠節な男はいないから、彼ならばかならず陛下のいうことを実行する」というものであったといいます。

それで内閣成立と同時に、木戸は東条に「九月六日の御前会議の決定（戦争を辞せざる決意のもとに対米交渉をやり直し、十月上旬までにわが要求が貫徹できぬときは、ただちに対米英蘭開戦を決意する）を撤回して、もう一度国力の検討をすること」――これを「白紙還元の御諚」という――をいい渡しました。忠節なる軍人の東条は、部下を催促して約十日間にわたって連日会議をひらいて、戦備の研究をしたといわれています。

さて、はたして本当であったか。『昭和天皇実録』などをよく読むと、ちょっと疑わしくなりますが……。

準備と決意どちらが先か

加登川　次は、原さんから提示された、「決意先行思想の陸軍と、準備先行思想の海軍の功罪」についてです。どうぞ。

原　これは陸軍と海軍の違いなんです。陸軍は、決意してから準備する。もちろん、それで外交が成立すれば元に返ります。しかし、外交が成立しない場合には、やるという決意です。ところが、海軍は、決意は最後の段階においてやればいいではないか。準備だけはやる、というのです。

陸軍は、戦争となると、大兵力を動員しなければならんし、船を膨大に徴用しなければならん。そういう重大なる戦争準備は、国家の戦争決意なくしてやるべきではないというのが、田中新一作戦部長の強硬な主張です。

ところが、海軍はそうではない。なんでもいいから、準備だけやってしまおうというんで、どんどんやってしまっている、海軍の戦争準備は、もう終わっているんです。結局、海軍は出師準備第一着作業着手を決意なくして発動して、対米七割五分の戦備が完結したもんだから、戦争に入ってしまったんです。

杉田　陸海軍の考え方の違いのことについて、陸海軍の相互不信もありますけれども、私は陸軍が海軍のことを知らない、また、海軍が陸軍のことを知らなかったというところが一番大きな問題であったんではないかと思うんです。

さらにもう一つは、サイパン島とかトラック島などのあった南洋委任統治領というのがありましたね。これに対して、海軍が自分の勢力範囲のように思って陸軍を入れなかったことです。ことに南洋委任統治領に対する調査団というのは、一つも派遣していない。陸軍の見地から見ての……。これは、大東亜戦争が始まって、初めて僕らがやった。海軍がこうした「国防方針」をとってから後に、そういうようなことが行われてなかったということが、一つの大きな欠陥だと思う。

島貫　陸軍は、マリアナ諸島に要塞をつくろうとしたんです。そしたら海軍が「俺の領分で陸軍は出てくるな」といって禁止されたんです。あのころから、マリアナぐらいにガッチリしたものをつくっておけば、と思うんですがね……。

加登川　実際、陸海軍の縄張り云々は骨身にしみていますね。満洲事変などでも、海軍がもうちょっと北の方に関心を持っておったら、陸軍が、ああも動かんかっただろうなんていう人もいます。海軍は、要するに東ばかり向いておった。もっとも、関東軍が随分、追い出し策をとったせいもあるけれども、結局、あの縄張り意識から陸軍にブレーキをかけることがなかった。

——〈**解説**〉日露戦争終結後の明治三十九（一九〇六）年十月の元帥山県有朋の私案上奏

をきっかけとして、帝国国防方針、所要兵力、用兵綱領の三大国防方針が、翌四十年四月四日に明治天皇の裁可を得て制定されました。要は、戦後の日本帝国は軍備を拡大して、五大強国の一として誇るに足る〝大国主義〟の道を歩みだしたのです。

このとき、ロシアの報復を恐れる陸軍がロシアを第一の仮想敵国としたのに対し、海軍は「陸海二元統帥制を堅持するために」共通の仮想敵国を設定することを強く拒否し、アメリカを第一仮想敵国と策定しました。日本の陸海軍の対立と嫌忌は、ここを転機として根深いものとなっていったのです。主導権の並列並行、勢力の均衡、予算の争奪、しかも政府にたいしては軍備拡張の実現に努力だけを義務として課すことになります。軍事国家への道が大きく踏みだされたとき、といえましょうか。

陸軍の中堅参謀が「海軍は東ばかり向いていた」と評するのもむべなるかな、というところです。

杉田 海軍が、陸軍の作戦というものはどういうものかということを知っておれば、もっと違った面があったと思う。

島貫 陸軍も、当時は対米作戦のことを知ってないんだ。陸軍の作戦というのは、フィリピンをとるために三個師団ぐらいを使う。グアム島をとるために一個旅団ぐらいを使う。これが、対米作戦の全部です。これ以外には、対米作戦というのは海軍の戦さであると思っておったわけです。

杉田　この相互が、陸軍は海軍、海軍は陸軍のことをお互いに知っておれば、非常に違っただろうと思うんですが、それが非常に疎隔を来たしておったということが、日米開戦に至った一つの大きな原因にもなるのではないでしょうか。

「海軍なしにできない」

加登川　陸軍の対英米蘭戦争決意の実体に関連して、原君、さらに強調しておきたいという項目があったら……。

原　海軍の作戦の可能性に関して、陸軍作戦当局が、どう判断しておったか。一方、海軍は、本件に対しどのように言明していたか。

問題は、海軍が第一年、第二年は確算があるけれども、第三年以降は確算はないということや、第三年以降はなぜ確算がないのか、というようなことも作戦当局間で的確に言っておったのかどうか、ということです。

高山　先ほどの原さんのご説明の中で、私が一、二補足したいのは、海軍で軍令部の作戦課の人たちは、われわれと話をするときに大体、独ソ開戦後、関特演をやり、北方攻勢は中止をしたという段階から、だんだんに対米開戦を強調するようになったんですけれども、特に、それがハッキリしてきましたのは、八月中旬に海軍がハワイの奇襲攻撃についてわれわれ〔陸軍の〕作戦課の方へ提案をしてきた時からです。

したがって、ハワイ奇襲作戦の成功性を軍令部が確信し出してから態度がウンと変わってきまして、軍令部に関する限りは、「対米開戦は必至だ。また、ぜひやらなければいかん。その時機も今年中、それもなるべく早い時機がいい。遅くも十一月下旬か十二月上旬ぐらいがいい」というふうな発言が強くなってきました。

しかし、御前会議、連絡会議などの席上では、海軍大臣と軍令部総長との意見が必ずしも合わなかったことは、先ほどご説明があったとおりです。そういうことから関連して、海軍の態度は、どうもまだハッキリしない。外交交渉に依存をしておった面が強いんではないかという印象を一般に与えておるんです。ただし、軍令部に関する限りは、いま申し上げたように、八月中旬以降は、ぜひやらなければいかんというふうにいっておったと思います。

東条さんは、陸軍が開戦決意をする前に二、三回、作戦室にもやってこられまして、作戦課員全部を集めて、参謀総長や次長、部長などもおる前で、その説明を聞いたり、それに対する意見、あるいは質問をされたりしましたが、同意されてからは非常に強硬に推進をされたのが、よく解ります。

ただ、東条さんが総理に就任されたあとは全く態度が変わりまして、作戦室にも来られて「白紙還元だ、今までの研究は一切ご破算にして、もう一回、やり直せ」ということを強調されたんですね。

したがって、当時、総理としての東条さんの考え方は、「陸軍は、なんといっても駄目なんだ。対米作戦は海軍の問題であるから、海軍の同意なしには、あるいは海軍の承認なしには駄目だ」という考え方を強く持たれて、そこで海軍大臣、あるいは軍令部総長のほうに下駄を預けたということが事実だと思います。

そうして、陸軍に対しては、一応、研究準備は進めるようにしながら、海軍の態度を待って、最終的には海軍の態度で決定をしたということが事実だと思います。

それから、先ほど原君からご指摘がありました海軍についての戦争の見通しというか、自信ということと、陸軍の見通しということについて、少し相違があるわけであって、海軍は先ほど原さんが言われたように、当初の作戦は順調に行くだろう。しかし、二、三年先は判らないという態度で応答しております。

陸軍のほうは、私、「作戦的見通し」を起案させられまして、各方面と折衝しながら、数年にわたる「作戦的見通し」を書いて、陸軍としては、その案で方々で説明をされたようでありましたが、結局、第一段作戦は、実際、行われたような結果と見通しは、ほとんど一致したんですが、数年にわたる見通しについては、これは島貫さんからも、強く後で叱責を受けたわけでありますけども、「対米戦で勝つ」とは言ってないんです。「大東亜共栄圏を確立して、そして不敗態勢をとるんだ」「そういう状態で推移をして、国際情勢の変転によって終末に導く」と、いうふうなことで、数年間、戦争は続くけれども、不敗態勢を確立して自信がある——つまり、不敗態勢をもって進んでいくというふうな表現のしかたであります。

その辺、海軍との相違がありまして、最近でも、いろいろ私は、批判を受けておるんです。当時、なぜ積極的に戦争を遂行し、結末に導くような積極的な作戦計画を立てなかったんだということが一つであります。

これは、しかし、海軍との関連もありまして、第一段作戦を終わったあと、たとえば、ハワイ上陸をやるとか、あるいは対米本土上陸をやるとかというふうなことは、案には出ましたけれども、作戦計画としての見通しはまだ立ち得ない状況でありまして、要するに第一段作戦を終わって、南方の不敗態勢をとったあとは、南方からの物資もドンドン導入をして、戦力を蓄え、また戦車とか飛行機とか、そういうようなものを、これこれ造るので、数年間の作戦に耐え得るんだというふうな見通しでありました。

もっとも、積極的な作戦計画は、個人の構想としてはあったんですけれども、作戦開始の当時には、まだ出来ていなかったのが実情であります。

それから、戦力の増強の見通しを、なぜ誤ったかということでありますが、これは、最大の原因はミッドウェーの敗戦でありまして、海軍としても、ミッドウェーであんなに負けて、航空母艦がなくなってしまうというふうなことは見通しておりませんでしたし、われわれは、もちろん、そんなことを考えておらなかったんで、その辺に見通しの誤りはあったと思うんです。

そのほか、いろいろありますけれども、要するに、海軍は絶対に大丈夫だということは言ってないんで、二、三年先は判らない——いいかえれば、二、三年は、なんとかやれるといっておるのに対して、陸軍は不敗態勢を確立するんだと、長期戦に備えるんだという見通しで、その辺が食い違っておったと思います。

杉田　対米作戦の見通しについて、私が足らなかったと思い出しますのは、昭和十六年八月に参謀本部で、開戦当初の兵棋をやった時のことです。それは、私がチャーチルとルーズベルトの側に立って、そして南方作戦の推移を、ずっとやったんです。

これは、実際、やったと同じような成果を挙げたわけです。ところが、いまから考えると、終戦にいく最終のところをやっていなかった。それを当時、やるべきだったと反省しているわけです。それをやっておれば、いまの作戦計画だとかが具体的に出来たのではないか。それをやらないで、緒戦だけの兵棋をやって、それで戦争に入ったということが、一つの反省事項として言えると思います。

東条さんのところも、私はいろいろ報告に行ったりしているんですが、九月ごろまでは、東条さんも戦争する気持ちというものは、受けた印象では、そう積極的でなかったという感じですね。しかし、十月となっては、相当、むずかしくなってきたという印象です。

ことに、ルーズベルト・近衛会談が八月にあるとか、次いでジュノー会談という話が出るという段階で、私はルーズベルト会談に、その随員としてついて行くんだという内命を受けておった。だから会談が出来れば行く。一方、九月の下旬になって、戦争になれば二十五軍（マレー進攻作戦の山下〔奉文〕軍）の参謀になれという命令を貰っている。それで、私は両方見えるような立場に置かれたんです。東条さんが総理になった折に、これは、もう駄目だと思って、私はサイゴンに行ったんです。

そんな経緯があって、その当時の空気からして、九月ごろまでは、私は東条さんとしては戦争を非常に躊躇しておられたような印象を受けました。

原　十月二日のアメリカの口上書ですね。これが契機になっているわけですよ。十月二日のアメリカのバレンタインが起案した長文なる口上書——これを受けてから、陸軍も強くなったんですね。

〈解説〉ここにいうアメリカの口上書（覚書）は、十月四日に日本に届きました。その翻訳を終えたのはその日の午後も遅く、参謀本部はにわかに活気づいたといわれています。その内容の骨子はつぎの四項目。

一、国家間の基本原則たる四原則の確認
二、支那及び仏印からの全面撤兵
三、日支間特殊緊密関係の放棄

四、日独伊三国同盟の実質的骨抜き
これに対し、陸相東条大将（当時）は次のようにいったといいます。

「米の真意は明らかに日本の屈服を強いるものだ。事はきわめて重大である」

永野軍令部総長は「もはやディスカッションをすべき時ではない。早くやってもらいたいものだ」と豪語しました。

こうしてみると、陸海ともにこの口上書でいっぺんに強硬姿勢に転じたことが察せられます。

原　それまでは九月六日の「対米英蘭戦争を辞せざる決意」の下に準備、外交をやるということであっても、まだ塚田さんも戦争ということを考えてなかったかもしれん。こういうことは言えると思いますね。近衛〔文麿〕公は、巨頭会談さえ実現すれば、なんとかなると思っておった。ところが、十月二日のこの回答は、どうにもならんわけです。ハル・ノートと実質的には同じなんですね。非常に強硬になったわけです。

日米戦争は短期決戦か長期持久か

加登川　さて、対米作戦の性格論議に関連して、櫛田先輩の「短期決戦論」が出てくるんですが、櫛田さんが、そう考えられたのは……。

櫛田　もし、日米会戦が始まったとしたら、これが長期持久の形をとるか、あるいは短期で決戦できるかという点は、一つの大きな問題だったわけですよ。私は、従来〝物〟の関係にずっとタッチしておった関係もあって、これは長期になったら大変なことになる、ということを骨の髄まで思っておった時期ですからね。「この戦争がもしあれば、短期決戦しなければならん」という主張をしたもんですね。

加登川　そうだったでしょうね。あのころの〝物〟の実情からしますとね……。

松田　いま述べるのが適当かどうかですが、先ほど原君が、この陸海軍の「決意」と「準備」の問題で、陸軍は決意を先行して準備をし、海軍は準備を先行すると、その功罪を問題にされているんですが、これは要するに技術の革新で軍事の構想、内容、その他、戦争指導の要領も、当然、変化しつつあるということによるのではないでしょうか。

そういう意味で、私の研究しましたのは航空の分野ですけれども、本質的な意味は、なにも航空に限らないと思うんです。全軍的に通ずるものと思うんですが、結論を先に申しますと、戦争決意をしてから、あらゆる臨戦準備をやるというのは、古い伝統であったと思うんです。

米国の軍事思想の中でも、第二次大戦のころとなると、状況を見ておって、いよいよ開戦をするかどうかの決意なくとも準備をしていかなければいけない、という第一次大戦当時の伝統的やり方を放棄するわけですね。

ルーズベルトが航空の軍備をワーワー言い出したのは、実際は、ドイツの航空のほうから刺激を受けていると思いますけれども、ハッキリと言い出したのは十四年の初めであります。

たとえば、数字で申しますと、アメリカの生産力というのは、十四年の初めごろまでは日本と比べて大したことないんです。陸軍だけですが、年産二千機というような僅かな数字も書かれております。それを五万機生産しなければいかんと言い出したのが、十五年の始まりでして、それが戦争の開戦直前では十万機、十二万機となったことは、ご存じのとおりです。

一方において、非常に巧妙な戦争指導のテクニック、日米交渉を繰り返して、日本に先に火ぶたを切らしたというふうに私ども感じるわけですが、その作戦準備というものの内容は、非常に早く着手しておるということに着目しなければならんと思うんです。

英国の航空の問題なんかについても大同小異です。たとえば、英空軍の要員養成を大量にやらなければいかんと言い出したのが十四年で、英国の本土だけでなしに、カナダであるとか、オーストラリアであるとかというようなところで始めたのです。

要するに、平時の態勢から臨戦態勢へ転換する要領というもの、これを戦争決意とどういう関連を持ってやるべきかということは、非常に重要な軍事問題だろうと思うんです。

確かに、日本陸軍におきましては、戦略が先行しまして、戦争指導とか、政略指導のほうが、あとから出ていって尻ぬぐいをしているような格好ですが、論理から申せば、当然大戦略、戦争指導が先行して、あらゆるものがこれについていかなければならないという基本原則は、そのとおりだと思いますけれども、具体的には、生産の増強であるとか、要員の教育というような問題は早く着手しなければいけないし、その次の段階で、軍備の増強、訓練の強化というような問題、その次は、いよいよ動員をする。あるいは、戦闘序列をかける。集中、展開、とこういくべきだと思います。

このように、まあ、三段ぐらいに分けて考えられるのでして、いわゆる「開戦決意」というのは、この第三段階のところへ相当していくわけです。それまでは、極めて巧みな経過をとらなければいけないということであろうと思うんです。陸海軍の特性、航空の特性などから、論ぜられているような問題につきましては、非常に複雑な内容がありますので、簡単にはいかないんじゃないかと思います。

いわんとするところは、海軍の軍備が早くいって、それがために抜いた刀を収められないということで、不本意な戦争に入ったというふうにみなすことは、どうであろうかというふうに、私はいま、感じております。

なぜ海軍は長期持久に賛成したのか

加登川　私も余り研究しておりませんけれども、第二次世界大戦の各国の形からすると、実際、そうでしょうね。ただ、原君の言われることは、仮にいうと、ルーズベルトが、ちゃんとうまいことやった。チャーチルがそうであった、あるいはヒトラーがそうであった、スターリンがそうであったといっても、ヒトラー、スターリンについていえば、彼の決定は国家意思の決定ですよね。ルーズベルトも、もとより然りです。

ところが、日本の場合には、国家意思の決定がないうちに海軍が先に走っちゃったと。

問題は、国家意思の決定しない前に独走しておったと。それが、果たして強腰の原因ではなかったかというふうに、原さんは言うておられるんだと、僕は思うわけです。

松田　それは、全面的に同意です。

加登川　実際、あなたが言われるように、航空の場合なんか、全くそうだと思うんですよ。ヒトラーのようにね。近ごろの戦争でもって昔の動員みたいなことをやっておったのでは戦争にならんから、動員なき戦争でしょうね、当然……。

奥村　櫛田さんに質問があるんですが、お話のように、長期持久が難しくて、短期決戦を主張されたことはよく解りますが、じゃ、どういう具体的な方策で短期決戦が出来るというふうに、お考えになったんですか？

さらに、先ほど高山さんからお話がありましたが、十一月十五日の「戦争終結の腹案」には長期不敗の態勢をとるというふうになっております。海軍は、二、三年先は判らないと言った。どうして海軍は、長期不敗態勢というのに、賛成するようになったのか。お二方に質問したいんです。

原　櫛田さんは短期決戦論を主張されましたが、当時、鎧袖一触されてしまったんですよね。戦争指導当局から……。それで、長期持久戦争であるという性格を前提として戦争指導計画をつくられた。こういうふうに、私は理解しているのですがね。陸海軍は、そういうふうに思想統一されておった。

ところが、海軍の連合艦隊は短期決戦の思想が強いんですよ。山本五十六は……。それで、ハワイを攻略するというんです。しかし、ハワイ攻略なんていうのは絶対不可能なんです。船舶運営の見地から……。三百万トン（総トン）の民需用船舶を確保できなければ、もう駄目なんです。これは、進軍の限界を越えてるんですよ。大体、ラバウルまでが進軍の限界なんですね。

陸軍では、ビルマを全域攻略するというが、あれは、もう進軍の限界を、破弾界を越えてるわけですよ。二十万トン船を増徴しましたが……。開戦来、第八月以降は、陸軍は百万トンに解傭（軍が調達した船を民間に戻すこと）しなければいかんです。それが進軍の限界を規制する、大きな前提なんです。ですから持久戦争以外にないんです。

これは明確に、軍令部総長が屈敵の手段はない、だから持久戦争だということを言ってるんですよ。にもかかわらず、連合艦隊は短期決戦をやったんです。

奥村　それは解りますが、櫛田さんが短期決戦を主張されたのには、何かご理由があるだろうと思うんですが、その「ねばならぬ」というのじゃなくて、「こうして短期決戦にするんだ」というお考えがあったんじゃないかと、私は思うのですが……。

杉田　それは、あんまりなかったんじゃないかな。

加登川　短期決戦が出来ないのなら、やったら駄目でないかと思っていたのでは……。

櫛田　そうそう……。

加登川　だから、「そんなこと言ったって、いまごろ、間に合わんじゃないか」というような形になってしまうわけです。可能性といえば、それは実際にはないでしょう。

奥村　ちょっと伺いますが、高山さんの「陸軍は不敗の態勢」でいいのですが、海軍は、どうしてそんなに簡単にOKをして、「戦争終結に関する腹案」というのが出来たのでしょう。

高山　この「作戦的見通し」というのは、陸軍と海軍と同意をして、ということじゃないんです。ただ、戦争をするためには、どうしても将来の見通しが必要だ。見通しもないのに、早く言えば、負けるのに戦争するバカはないんで、そういう見通しについては、開戦決意には、当然、どこでも聞かれるわけです。

天皇陛下には、もちろん、奉答資料として書いたんですが、連絡会議でも、総理大臣、各省大臣、みんなそれを問題にされるから、見通しを書いたんです。その見通しが、陸軍と海軍と少し食い違ったのですけれども……。

奥村 あの「戦争終結に関する腹案」というのは、海軍も賛成しているように読みましたが……。陸軍も海軍も外務も、一応、連絡会議で通った案ではないでしょうか。

高山 連絡会議には、別に出していないんです。

原 連絡会議で決定されているんです。「対米英蘭蔣戦争終末促進に関する腹案」というのが……。

島貫 あれは結局、「腹案」なんですよ。

杉田 実がないんだよ。

島貫 あれでもって、「やろうっ」というくらいに腹が決まっているわけではないんです。まだ腹案だ。

高山 要するに、戦争を発動していいかどうかという決定をせにゃいかんもんですからね、そこで、見通しということを腹案として出したんでしょうね。

「長期戦なんかやっていられない」

中原 この頃が一番苦労した時ですよ。すでに言ったように、国力は昭和十六年は昭和十三年と比べて二五パーセント下がっているんですよ。生産指数でね。一六〇が一二〇になって、四〇下がっているんですよ。その時に戦争を始めたわけでしょう。〔ところが〕戦争をやりながら、これをやる〔生産性を上げる〕という検討が一つもない。

そのことを十分に検討したら、長期戦なんかとてもやっていられないですよ。短期でやる以外に戦争のしようがない。ほんとに物の検討に入らなかったんです。それどころじゃなかったんだ、忙しくって……。〔南方資源地帯を〕獲ってからですよ、そういうふうにしなくっちゃ、やっていかれないと〔気がついたのは〕。それ以前に検討は一つも入ってないんだ。土地を占領するだけでね。

加登川　ぼくも〝物〟のほうは知らんけどね。当時、検討をしなかったと思うよ。長期不敗の態勢云々というのは、これは文句としては、まことに結構だしね。つまり、これしかないんだという文句ではあるわけだ。しからば具体的に、そんなことを検討したなんてことは、僕は中原さんの領分とは違うけど記憶がないね。

原　長期不敗態勢は、誰が担当するかというと、これは海軍なんですよ。海軍が、太平洋戦面における長期不敗態勢をやるんです。陸軍はなんにもしない。

加登川　だから、中原さんの言われるのは、物的国力の意味においてですよね。

中原　戦争をやるのには、これだけ後ろをつくっておかなきゃならんと。そういう検討すらしない。それをやれば、当然、変わってきていますよ。

高山　いまの点、非常に大事な点なんですが、私が起案させられた「作戦的見通し」にも書いてあるんですよ。物的戦力は、このようにして維持すると。その点は、正直に言いましてね、中原君のいう軍事課の案と少し違うんですよ。われわれのほうは、少し甘くというか、有利に見ているんです。

どういうことかというと、中原君も言われるように、当時の戦況によってどんどん船を陸軍が使う場合には、一般の民需用の船、あるいは国力・戦力増進用の船は少なくなると、そうすると、戦力の増強にはなりませんよ、というのは当然です。

また、戦況がどんどん船をやられたりするようになれば、なおさら物的戦力の維持、増強は出来ないということも、当然、論議されたんですけれども、しかし、国家総力をあげて戦うのだという意味で、出来るだけ最善の努力をして、こういうふうにやるんだという立前から、いろんな難しい前提を挙げて交渉した結果が、中原君の非常に過大な評価につながったというふうに思うんです。

その辺、陸軍省と参謀本部と話し合いをしてはおったんですが、戦争の見通しとの関連において、少し食い違いがあったと思います。やはり、どうしても戦争をやらにゃいかんということになると、ある程度、希望的な観測というか、有利な条件を前提にして見通しを立てるという傾向が、なくはなかったかということを、私も反省しますけれども、当時確かに、陸軍省とも話し合いをしたんですが、完全に一致はしなかったと思います。

松村　結局、仮に不敗の態勢は出来たとしても、その不敗の態勢で結局、戦争はどうなる、ということだったんですか？　結局、向こうは戦争の意志を失うと考えたんでしょう。

高山　そこまで、見通しには書いてはないんです。

島貫　「対米英蘭蔣戦争終末促進に関する腹案」というのには、「速に極東に於ける米英蘭の根拠を覆滅して自存自衛を確立すると共に、更に積極的措置に依り蔣政権の屈服を促進し独伊と提携して、先ず英の屈伏を図り」そして「米の継戦意志を喪失せしむるに勉む」とうたっているんです。

不敗の態勢を作れなかった

松村　簡単にいえば、ドイツが勝つということと、アメリカ人の継続意志がなくなる、この二つが、前提なのでしょう。それで、私が一言いいたいことは、アメリカの物質力のすごいことは多くの人が皆、知っておった。細かく計算した人と、しない人とあるが、多くの人は知ってはおった。しかし、一番根本的なアメリカ人、あるいはアングロサクソンの精神力というものを軽視した。すべての問題は、そこにあるのではないかという気が、私はするんです。

杉田 それはありますけれども、アメリカの国力を、よく知っておった者があるとおっしゃるのは、どうでしょうか。それは、誰も彼も非常に理解をしてなかったというのが実情でしょうね。ことに、陸軍の言葉になりますと、アメリカに対して戦争するという中央部の意識というものは、全然ないというと、語弊がありますけれども……。

それは、何に現われているかというと、「南方作戦計画」に現われている。対米英作戦計画なら解るんです。対ソ作戦計画がある。対支作戦計画はあるけれども、対南方作戦で対米作戦計画というのはない。そこに、問題があるんです。これは、岡村誠之が作戦計画を立てて私のところへ言ってきた折りに、私は、「これは、おかしいではないか。対米英計画がないではないか」と言って議論しましたから、よく記憶しています。そこに、アメリカというものに対する認識が、開戦当初からなかったということです。

原 陸軍は政略的・局地出兵的南方戦争が絶対的対米英蘭戦争に質的転換してたことを、

本質的・大局的に把握していたかということになる。それは、私、把握してなかったと反省せしめられるわけです。この戦争の質の転換を、誰がやったかというと、山本五十六がやったんです。

杉田　それも、いえるかもしれないけれども、海軍の作戦と陸軍の作戦が非常に違うということを、陸軍は認識してないんです。海軍自体も、遭遇戦と追撃、退却はあるけれども、防禦というものはない。それを太平洋に向かって不敗の態勢をつくれといっても、つくれるはずがないんだ。そこに、相互の認識が足らなかったということがいえるんではないでしょうか。

第七章　対米開戦

いかにして戦争を終わらせようとしたのか

昭和十六（一九四一年）

十月十八日	東条英機内閣が誕生する。
十一月五日	第三回御前会議。（十二月初旬の開戦を決意）
十一月二十六日	ハル・ノートが提出される。 連合艦隊がハワイに向け単冠湾を出港する。
十二月一日	第四回御前会議。（対米英蘭との開戦を正式決定）
十二月八日	陸軍部隊が、マレー半島に上陸。 海軍部隊が、ハワイ・真珠湾を攻撃。 （太平洋戦争〈大東亜戦争〉が始まる）

「決戦を求めて出ていってはいかん」

加登川　それでは、「戦争の終末」という問題に話をすすめましょう。

原　戦争の終末を、どう求めるか、これは九月六日の御前会議で、「帝国国策遂行要領」が採択され、「対米英蘭戦争を辞せざる決意」「開戦を決意す」などという言葉もあるということで、陸海軍の戦争指導当局、つまり種村佐孝、有末次、石井秋穂、佐藤賢了、西浦進、海軍の石川信吾とかは、「対米英蘭戦争指導要綱」というものを、ずっと研究するんですよ。

当然、十一月五日の御前会議決定に基づいて対米英蘭戦争を決意したんだから、廟議決定にいかにゃいかんわけですよ。そして天皇に上奏しなきゃいかん。それに基づいて作戦計画が立案されなきゃならん。にもかかわらず日本は作戦の先行専行でね。

それで、戦争指導計画があとになって、作戦計画が先行専行するわけですよ。そこで、その作戦計画を受けて、対米英蘭戦争指導要綱ができ上がると。これは当然、廟議決定しなければならんわけです。けれども天皇は、作戦計画に対しては、そう刺激をお感じにならないが、戦争計画ということは、非常にお嫌いなんですよ。アメリカ、イギリスとの戦争計画なんていうことは……。そこで当然、対米英蘭蔣戦争指導計画が立案されて廟議決定すべきものが、廟議決定に至らないんです。

加登川　もっとも、陸海軍が戦争計画を持ってやった戦争なんて、あまりないからね。

原　天皇様が東条さんに、一体、戦争というけれども、戦争をいかにして終結するかと、御下問があったらしいんですね。

そこで、〔東条が〕石井〔秋穂〕さんに、戦争終末をどうするかということを〔研究するよう〕命じられた。で、石井さんが起案したのが、「対米英蘭蔣戦争終末促進に関する腹案」なんですよ。それを十一月の十三日と十五日の二日、大本営政府連絡会議にかけて採択するわけです。

石井さんは、「対米英蘭戦争指導要綱」の中から、方針と武力戦の要領のところを最初に書いて、日独伊協力してイギリスをやる方策を書いて、そのほかに戦争指導要綱には思想戦とか経済戦とか、いろいろあるでしょう。それを抜きにして、戦争終末促進に関する事項だけを限定して書いた。だから、これは、実質的には「対米英蘭戦争指導要綱」なんですよ。大本営政府連絡会議で決定している。

けれども、作戦当局は、そんなもの見向きもせんのですよ。先行専行しているのだから……。しかも、山本五十六は全然、これを無視しているんです。

この「対米英蘭蔣戦争終末促進に関する腹案」の方針は、アメリカの継戦意志の喪失を図るとある。アメリカがベトナムと同じように、もう止めようじゃないかという、手を挙げるという喪失を図るのであって、アメリカの継戦意志を破摧するとか戦争意志を破摧するとかいう言葉はないんです。「継戦意志を喪失せしむるに勉む」と書いてあるんですよ。

どうして、喪失を図るかというと、一つは西太平洋における政戦両略にわたる長期不敗態勢の確立なんです。それが大きな柱で、これが崩れちゃったら駄目なんです。持久戦争ですよ。

積極的には、蔣政権を日本の単独治下に屈伏させると、脱落を図ると、日独伊協力してイギリスを屈伏させると、もう一つは、米海軍を誘致して、これを撃滅すると……。そうしたならば、アメリカは継戦意志を喪失するであろうというのですよ。ベトナム戦争におけるがごとく持久戦争であって、屈敵の手段はないんです。西太平洋におけるところの持久戦略遂行の能否が、その柱になるわけです。

それがためには、山本五十六のごとく、随時随所に決戦を求めて出て行っちゃいかんのですよ。しかも、民需用船舶三百万総トンを維持するという進軍の限界を規制する厳重な枠があるんです。これ以上やったら、国力はたちまちにしてジリ貧、ドカ貧になるわけですよ。

ところが、それを、先ずやるのが作戦当局です。初め南部ビルマの要域を占領したが、全ビルマ占領の計画はないんですよ。それを全ビルマ要域を攻略することになって、しかもFS作戦（サモア、フィジー、ニューカレドニア攻略作戦）のために船を二十万トン増徴するんです、陸軍が……。

昭和十七年八月以降、百万トンになるべきところを百二十万トンになってしまう。ガダルカナルに五十万トン要求するというので、東条さんは悲鳴を上げるんですね。それで、佐藤賢了と田中新一のなぐり合いが始まるわけですがね。

〈解説〉 この殴り合い事件は十七年十二月五日、ガダルカナル島争奪戦をこれ以上つづけられないという大問題を背景にして起ったものです。統帥部がいかに要求しようと、十八万トンを軍から民へ解傭することを条件とする、という閣議決定が、参謀本部作戦部を激震させたのです。田中新一作戦部長が真意をただそうと夜中に佐藤賢了軍務局長を参謀本部に呼びつけたところ、佐藤がいともあっさりと「田中さんは何を怒っておられるのですか」といいます。とたんに、田中の怒声が飛びました。

「ナニッ、十八万トンを軍から民間に与える、解傭を要求するとは何だッ！　統帥干渉なんだッ、俺が怒っているのがわからんのか。生意気をいうな」

瞬間、田中の鉄拳が佐藤の顔面に。佐藤も「殴ったな」と殴り返す。あとは閣下と尊称される者同士のお粗末といえる乱闘事件。

たしかに原さんが語るように、軍部には作戦計画はあっても確固たる戦争指導計画のなかったことを示すよき例、といえるかもしれません。

原　それが、「対米英蘭蔣戦争終末促進に関する腹案」なんですよ。それを大体、作戦当局は黙殺するんですね。あまり、これに関心を持っておられないんですよ。

海軍作戦当局は、なおひどいんです。緒戦の赫々たる戦果によって、全然、これを黙殺するんですよ。いわんや、山本五十六は初めから、これを無視している。短期決勝戦略なんですよ。ハワイはなんのためにやるかというと、川中島の決戦と桶狭間の奇襲と鵯越の坂落しと、これを合わせてやる。そして、アメリカ国民の戦意の破摧を図るんですよ。短期に戦争が終わる。そうしなければ駄目だというんです。

そうならんにしても、随時随所に連続決戦を続行して、アメリカ海軍の戦力を叩くというんですよ。太平洋に邀撃なんてことは、自分は自信がないと言っている。邀撃作戦はやらんと、自信がないとハッキリ書いてあるんです。

そこで、「対米英蘭蔣戦争終末促進に関する腹案」は、持久戦略構想を基調とする戦争指導の計画であったけれども、これは全く有名無実で行われなかった。遺憾ながら戦争指導当局は無力であった。作戦課が先行専行であった。いわんや、海軍は、山本五十六は、これを全く無視した。そしてハワイ攻略を考えた、とこういうことなんですよ。

海軍の逸脱した戦略

加登川 そうすると、戦争指導当局の案に、当然の問題として、たとえば、ここに海軍の方がおられれば、海軍で持久戦略が出来るかと、すぐ、けつをまくるだろうし、長期不敗態勢の確立は、これはなにも作戦当局だけの問題でなくて、国家全部の問題であり、中原さんの方の問題でもあるわけです。そうすると高山さん、どうしても一言なきゃなりませんね。

原 海軍軍令部は、戦争初期は、陸軍と同じように邀撃作戦なんですよ。

加登川 だって、向こうへ行っておるじゃないですか。

原　ハワイは、一部作戦なんですな――漸滅作戦。主力は邀撃作戦で、一部でもってアメリカ艦隊を漸滅していくという、あれなんですよ。漸滅作戦の一環としてのハワイ攻撃と、高山さんなんかは、お考えになったと思うんです。あるいは、南方攻略作戦の主作戦を戦略的に支援するところのものだと、作戦当局はお考えになると思うんですが……。

ところが、山本五十六は、嶋田繁太郎海軍大臣あての手紙の中に、そうじゃなくして、あれは海軍の主力をもってする決戦であると。鵯越と川中島と桶狭間の三つを兼ね備えた決戦をやるんだと、自分には邀撃作戦の自信がないと言ってるんですよ。だから、全然、異質なんです。

こういうことが戦後になって解るわけですよ。山本五十六の及川海軍大臣あて、嶋田海軍大臣あての手紙で解るんですよ。そして、緒戦の戦果に酔うて、南方攻略作戦が終わったならば、海軍は豪州攻略をやると。軍令部は、それで、もっと積極攻勢になったんですよ。陸軍は反対で戦略守勢に転ずると主張して、その両者の妥協の所産がFS作戦になるわけですね。

ところが、山本連合艦隊長官は、どんどんやるという考え方――ハワイを十一月に、そうして、パルミラ島（ハワイ南方千八百キロ）、ジョンストン島攻略をやるというんですから、FS作戦には不同意なんです。ダッチハーバー〔アリューシャン列島の港湾都市。米海軍の拠点の一つ〕もやるというんでしょう。全然、異質なんですよ。

要するに、持久戦争であるという本質観です。それで櫛田さんが決戦戦争を主張された。これは田中新一閣下が、特に一時、強く主張されていたようですね。田中さんは海軍の立場に立つと、持久戦略は成り立たんという不安を、多分に感じておられたように思いますね。そこで、秘蔵っ子であるところの櫛田さんをして、戦争指導当局に短期決戦戦略を提案されるんですよ。しかし、みんなから一蹴されてしまうんです。問題にならんというので、引き下がるわけですよ。

それで、この戦争は長期持久戦争であるという本質観において、陸海軍の間に、なんらの意思の違いはないんです。それで出来たのが「対米英蘭蔣戦争終末促進に関する腹案」で、この要領でアメリカの継戦意志の喪失を図る——と。向こうは〝参った〟でなく〝手を挙げよう〟となる——先のベトナム戦争と同じようなことなんですよ。

とにかく、屈敵の手段はないんです。

加登川　そうすると、巷間、言われておる山本長官がというか、海軍が「一年間は暴れてみせますが……」というのは、初めから……。

原　山本長官は、初めっから邀撃作戦は不同意なんです。昭和十五年末と昭和十六年一月に及川海軍大臣あての手紙に、「自分は邀撃作戦は出来ない。自信がない」と書いています。だから、山本長官は、初めっから、開戦一年前から軍令部の明治四十年以来、伝統的に伝わっているところの「国防方針・用兵綱領」を逸脱しているんですよ。全然、「国防方針・用兵綱領」を遵守する考えはないんです。軍令部の作戦計画を遵守する考えはないんです。これは、明々白々たる事実なんです。

神田　山本長官が連合艦隊の司令部で、参謀の黒島大佐に言ってる言葉に、こういうものがあります。

「陸軍の主力が南方作戦を施行する場合に、ハワイに対する戦略側面を暴露して、そして、なお南方作戦行動が――陸軍のあの十個師団近いものの作戦が出来ると思ったら、あれはバカの言うことで、そんなことが出来るはずがないじゃないか」

ということは、彼だって決戦思想でなくて南方に対する作戦援護という考えもあったんじゃないでしょうか。

原　それは、間接的な結果的効果としてそういうことになるかもしれませんが、開戦の日に真珠湾のアメリカ海軍を猛撃撃破して、アメリカ国民ならびにアメリカ海軍の戦意を破摧するというのが作戦目的なんです。それが、大臣に対する手紙に書いてある。

神田　確かに、そうありますけど、同時に連合艦隊の幕僚に対する……。

原　軍令部は、戦略側面の援護という考えですね。参謀本部作戦当局も、そう考えておられたでしょう。私どもも、そういうふうに間接ながら承っていましたが、戦後、私は、その手紙を見ましてね、全然、違うということが解るわけですよ。正々堂々といままで図演でやっているようなことは自信がないと書いてある。

ミッドウェー作戦失敗のショック

高山　今、原さんが言われたことは、戦後のいろいろな資料を検討された結果であるから、相当、事実だろうと思いますが、若干疑問もあると思うんです。そこで、作戦課が起案しました作戦的見通しの経緯について、若干申し上げたいと思うんですが、まず、戦争の見通しということで、作戦課でもだいぶ論議したんですよ。

したがって、短期決戦は最も希望するところなんですが、果たして、短期決戦が出来るだろうかということが、だいぶ問題になりましてね。アメリカと日本が戦争をし、英国も戦争に巻き込まれておって、誰が仲裁するだろうかという、戦争の終末をなんに求めるかということで、一つも決定的手段がないわけですね。

そのほかにも、いろいろ原因はありますけれども、そういうことで、短期決戦は希望するけれども、それは机上の空論であって、実際は難かしいであろうということは、陸軍も海軍も結局は一致した見方のようでした。

そこで作戦当局としては、「作戦的見通し」という表題で、それぞれ長期持久戦になるであろうという観察の下に、どうするかということで見通しを立てたわけなんですが、これには、海軍ともいろいろ調整はしたんです。

先ほどもお話がありましたが、海軍は当初は非常に慎重だったんですが、真珠湾攻撃案を考えてから、軍令部が非常に積極的になったんですよ。むしろこの際、やらにゃいかんという考え方ですね。さっきも言われましたけれども、迎撃作戦というか、守勢作戦は海軍は余り希望はしない。しかし、結論的には長くなるであろうということは、軍令部一課も、そう思っておったようです。それで、真珠湾でまず叩いて、長期持久態勢を確立し、合わせて終末の何かを一つつかもうという考え方だったようです。

―**〈解説〉**連合艦隊司令部の、とくに山本五十六長官の、真珠湾攻撃作戦の強い要求を、軍令部作戦課は終始そんなバクチ的な作戦は認められないとし一顧だにしようとしなかった。が、本書二〇六ページでふれたように永野軍令部総長の「そんなに山本が自信ありというなら、やらせてみようじゃないか」の鶴の一声で、ついには屈せざるを得なくなったのは、よく知られています。しかし、断固反対の作戦課参謀たちの信念は、戦後までつづいていたのです。昭和三十年代に、作戦参謀であった佐薙毅（さなぎさだむ）元大佐は、わたくしの質問に苦虫を噛み潰したような顔で言い捨てました。

「あんなバカな攻撃なんかやって、われわれが何十年も考えてきた対米必勝の作戦をぶち壊して……軍令部はあくまで南方作戦を主作戦と考えていた。だからその主作戦の側面援護の支作戦として真珠湾を認めただけだ。あれを決戦などと思うものは作戦課に一人もいなかった。だから艦を一隻も沈めるなと、機動部隊にはきつく言いきかせたんだ」

参謀本部作戦当局にも、恐らく軍令部はそういう説明をしていたのだと思います。あれはあくまで支作戦なんだ、と。

高山　陸軍としても、南方の資源を取ってくるので、資源を取ってきさえすれば、長期持久戦は可能であると。その間に、日本の国力、戦力を培養できるから可能であろうという判断だったわけですが、しかし結果的には、真珠湾奇襲も一応成功したように言われておりますけれども、最大の眼目である航空母艦を一つもやっていないんですよ。それで非常に見通しは具合いが悪くなった。そして、そこへもってきてミッドウェー海戦〔一九四二年六月〕の惨敗でしょう。ここで、なんといったって、航空母艦の主体を失ってしまったんですから、これで海軍は戦意を失ったというか、戦争の前途に非常に暗い感じを、みんな持ったようでした。われわれも、ミッドウェー海戦はしばらく極秘にされておったんですけれども、猛烈なショックを受けましたね。

それが見通しの誤算の原因だったと思うんですけれども、見通しをする段階においては、第一段作戦は何遍か兵棋をやって、海軍とも共同してやって、大体、見通しのとおり行ったんですけれども、長期持久作戦段階で駄目になったのは、やっぱり航空母艦を失ったということです。

また、さかのぼって真珠湾奇襲攻撃で航空母艦を一つもやっつけなかったということ。こうして、向こうは航空母艦が健在で、こちらは駄目になってしまった。航空母艦をつくる能力だってアメリカの方が断然いいんですから。そういうことでして、実際はミッドウェー海戦以後、非常に暗くなったというのが真相だと思います。それで船舶の損耗も大きくなるし、日本の国力、戦力の培養も出来なくなってしまったんですから……。

それから、陸軍と海軍の作戦的見通し上奏案は、ちょっと喰い違いがあるんですよ。海軍は、二年間ぐらいはなんとかいくが、先は判らないと、こう言っておるんですが、陸軍の方は、第一段作戦で主要な要域を取れば、海軍が健在する限り――海軍は大丈夫だと言っていましたから――長期持久戦争態勢は大丈夫であろうという見通しで上奏し、連絡会議にかけられたわけです。その辺、海軍との喰い違いがあったことは認めます。

戦争の終末については、さっき、原さんが言われたように、作戦当局は、長期持久態勢をとっておいて、そのうちにアメリカは、だんだん弱ってくるのじゃなかろうかと。なんらか和平の時機がくるのじゃなかろうかぐらいの見通しでしたね。

作戦的に、将来、どこをやって致命的な打撃を与えるということは、残念ながら開戦までの段階ではなかったです。

米海兵隊は海軍の陸戦隊とは違った

加登川　ここで一つ質問がしたいんですが、長期不敗の態勢、これは南方の物を取れば、要するに物的な意味における不敗態勢の確立は云々ということであって、作戦用兵的に見る長期不敗態勢の東側が、陸軍的に見て全くガラあきだという問題ですね。

つまり、長期不敗態勢ということは、仮にいうと、戦争指導部の案にしても、用兵当局の案にしても、何年かかかる長期持久であるといいながら、しかも、陸軍側の東が全くガラあきである。ある地域を取ったら「ここは陸軍の地区だ。ここは海軍の担任地区だ」と線を引いて、これがいかにも陸海軍作戦地境の如くにして……。いまにしてみると解らんのですがね。どうして、東側が、あんなにガラあきだったんでしょう。

杉田　一つは、南洋委任統治領というものは、ワシントン会議で武装しないということが決められとるわけだ。ところが、あそこの地域は海軍が自分の領域だというような関係があって、陸軍が南洋地域に入るのを余り好まなかったということがある。これが開戦してからも続くわけです。したがって、南洋委任統治領の兵要地誌やなんかの準備が一つもないわけです。これは、僕はガダルカナルから帰ってきて、初めて全部、調査したんですよ。それまではあの辺の兵要地誌がなかった。

だから、海軍も連合艦隊を持っていくというけれども、油はトラックにちょっとあるぐらいで、弾薬だってそう大してないんですよ。だから、ここで言われるところの長期持久の準備というものは、一つもないわけです。

そういうような点から見ると、陸軍も海戦に関する理解が足らなかったし、海軍も陸戦に関する理解がない。こういうことと南洋委任統治領というものが、海軍の勢力範囲だったということが、非常に戦争指導というか対米戦争に影響しておる点がある。

もう一つ、これは僕の責任になるけれども、当時、よくアメリカに関することを言ったつもりだけれども、アメリカが第一次大戦に沢山の動員をした、ヨーロッパに百万近くの陸軍を派遣しておるわけです。日本の首脳は、アメリカから攻撃してくるだろうけれども、陸軍だとかそういうものでやってくるという観念が非常に少なかった。

加登川 アンフィビアス〔水陸両用〕作戦なんかということでですね。

杉田 ええ。だから、海軍はやってくるだろう。しかし、陸軍がやってくるというようなことがあっても、それは僅かだというぐらいの感じだったように思う。そういう点が、海軍に委(まか)しておいても大丈夫だというか、海軍がやっとってもやれるんだという気持ちがどこかにあって、そういう希望的観測とそれが、かち合ってあったんじゃないかと思う。

高山 杉田さんのおっしゃることはそのとおりなんですけれども、私どもも反省して、大東亜戦争の発足ごろ、南方で会戦する限りは、海軍がむしろ主役であるという感じを、陸軍のわれわれ一般が持っていたことは事実です。そこで、海軍の意見はだいぶ採り入れたんですけれども、海軍はとにかく初動で真珠湾を叩くと、それで当分は大丈夫だという印象を、われわれに与えておったわけです。東の方が空いたという件は、そういった海軍の意見に対する、われわれが若干持っておった安心感というものもあったし、もう一つは加登川君や中原君は、むしろ責任者だと思うんです（笑）。

第一段作戦で順調にいったあと、陸軍省から南方の兵力を減らせという強い要望がきたんですよ。船舶の関係もね。船舶を徴用しとったら、国力が落ちるし南方からの資源も取れないから、陸軍の作戦は待てと。

もう持久態勢をとったからいいだろうということで、軍政当局からの圧力がありましてね、われわれはFS作戦を早くやろうということで、米豪遮断作戦を考えておったんですけれども、それも延び延びになってしまって、そのうちだんだん、ミッドウェーからガダルカナルへのアメリカの反攻が意外に強くて、東の方がどうも弱くなってしまったということが実相だと思います。別に責任転嫁するわけじゃないが……。

加登川　アメリカがガダルカナルでやってきた方式ですね。あのいわゆるアンフィビアス・オペレーションというか、水陸両用作戦というか、あのやり方というのは、予想外だったんですか。

杉田　マレー作戦というのがそれで、こっちが、それを先にやったんだから……。

加登川　こっちがすでにやっているのに、向こうさんが来るときに、その戦争様相判断を一体、どうしておったのかということです。

原　それを、高山さんのところで間違った。

杉田　それもあるけどね。もう一つさらに言えば、アメリカの海兵隊というものに対する認識が足らないですよ。ちょうど、日本の陸戦隊——たとえば、上海事変のときの上海陸戦隊を見るような感覚を持ってアメリカの海兵というものを見ていた。これは、陸軍も海軍もそうです。

僕がガダルカナル（第十七軍情報参謀）へ行ったのは、そういうことで、僕は、海兵というのはアメリカの陸軍よりも海軍よりも一番強いんだから、これが命取りになるかもしれんということで、服部（卓四郎）さんに話したんだけれども、その折りの感覚というのは、陸戦隊〔と同じだ〕と思っているからね。ところが、アメリカでは海兵隊というものは昔から強いわけです。そこの認識が足らなかったということが、また、あると思いますがね。

航空の視点から分析しなおす

加登川　そこで松田さん、あなたのご意見を、どうぞ。

松田　航空という観点から、いまのお話を、もう一度、復習するようなことになるかもしれませんけれども、日米の開戦前後における航空を中心にした作戦準備について申しますと、アメリカの方が軍備などの準備は遥かに早く、本格的に十三年から始めておる。

それから、太平洋の水陸両用作戦というか統合作戦的な様相判断、その施策、これを日米比較いたしますと、興味深いことに非常によく似ておる。日本側が南方へ進攻した要領と申しますのは、マッカーサーの飛び石作戦と全く類似のものでございまして、それは真剣に作戦上の戦術的要求を地図の上に置いてやれば、もう自然に、そういうことになったんです。

それは、むしろ日本側の方が早い面があると思うんです。開戦前の向こう側の計画というのは、大体、欧州重点で、太平洋は守勢をとるというわけですから、アラスカからハワイを通って、南の方はパルミラの方へ下げてしまうわけです。豪州を守るとか、米豪連絡線だとか、ガダルカナルとかいうようなものは、戦前の計画にはなかったんです。

〈**解説**〉いざ対日戦となったときのアメリカの作戦計画はニュー・オレンジ・プランといい、昭和十三年二月に完成し、統合参謀本部によって承認されたものでした。それによれば、

・ヨーロッパ＝大西洋を第一とする
・海軍のミッドウェー以西の作戦は大統領の許可を得なければならない
・日本軍撃破の攻撃作戦に固執しない

という、太平洋においてはごく守勢的なものであったのです。ルーズベルト大統領の、まずヒトラー打倒を第一義とする強い意思を反映したもので、ここに述べられているとおりでした。その煽りをうけて、開戦直前の十六年七月に、キンメル司令長官のもとで米太平洋艦隊がたてた「作戦計画46号」も、その内容たるや左のとおりの消極的なものであったのです。

a動員完了　bウェーク島、ミッドウェー島の防衛のための潜水艦の哨戒を強める　c日本委任統治領の監視　d海兵師団をハワイへ　e日本の奇襲を警戒

また、開戦四カ月前にアメリカ海軍総司令部が完成させた「太平洋艦隊作戦計画」

にある「日本艦隊の対米行動の見積もり」はこうなっている。

「日本の最初の行動は、つぎのことを目指すであろう。aグアム島の占領　bフィリピン諸島ルソン島占領　それにつづいてフィリピン水域、およびボルネオとニューギニア間の水域にたいする制海権の確立　c北部ボルネオの占領……」

どこを探しても「真珠湾」の文字は見つからないのです。

松田　そういうことから起きてくるのであって、当初において陸軍の航空を太平洋上へ出すということで、アメリカ側は非常な論争が陸海軍の間に起きましたが、日本側も全く同じでございまして、アメリカ側の方が、一歩一歩早くやっておるわけです。数カ月ずつ早くやっておるというところで、あのガダルカナルで、したたか、やられたわけです。
結局、作戦様相の判断では、私ども戦史室で、いまではやはり言葉にしておりますが、太平洋は海軍、大陸は陸軍、まん中は共同というふうに伝統的な観念が生まれておりまして、なんとなく陸軍は、海軍に戦さに勝ってもらわなければ困るけど、あんまり勝ち過ぎて軍艦マーチばかりやられるのは気持ちよくないというような感情も、ずっとありましてね。どうも私が思いますのに、海軍の方も、陸軍に、なるべく勝つ範囲では入ってきてもらいたくないということがある。

そういうような陸海軍の極めて低劣なる対立感情というようなものが作用して、まことに残念ですけれども、作戦の研究それ自体に深く入っていってないということですね。航空が発達し、統合作戦様相が出来てきて、アメリカの陸軍が日本の本土まで来るという時代になっておるにもかかわらず、やっぱり日露戦争時代の日本海海戦で勝負が決まったというような感覚で、なんとなく見ておったようです。それは遺憾ながら事実であったと言わなければいけないと思います。

航空の問題が、そこでは日米ともに中心にあると思うんです。それは、急速に発達した航空の価値が高まって、そういうふうになったんですから、それに対する感覚、先取りして作戦様相を判断するという面におきまして、アメリカも特別いいわけじゃございませんけれども、日本軍の方が少しまずいというふうに思います。

私ども戦争指導の分野は専門に研究しておりませんけれども、太平洋作戦についても、英国と米国の間では、ＡＢＣ１(ワン)という戦略計画が出来ましたのは、研究は昭和十五年から始めて、十六年の春には出来ておるんですね。それを思い比べてみました時に、まことにさびしいと言わなければなりません。結局、戦争計画というのは、言うべくして、なかなか無理かもしれませんけれども……。どうでしょうかね。

日本はドイツと戦略的に、もう少し具体的な策を計画するという思想は当然あったと思うんですが……。ドイツ人は大体、人が悪いですからね。そう簡単にはいかんと思います。イギリスとアメリカの間のようにいかないということは重々わかりますけれども、独ソ開戦、それはもう千載一遇で喜んだというような事実は、まことに残念じゃないかと思うんです。

それは、ドイツの誤判断もありましょうけれども、ドイツが、どんどん参っていくということになるんですから……。要するに、そういうふうな戦争全体の連合戦争、連合戦略と申しますか、連合関係の思想が非常に弱かった。さびしかったと思いますね。

アメリカは日本上陸計画をすでに作っていた

原　シャーウッド〔作家・ルーズベルト大統領のブレーンの一人〕が書いた『ルーズヴェルトとホプキンズ』の中に、ウェデマイヤー〔米陸軍大将〕の「勝利の計画」の全文が載ってます。あれを読みまして、「ああ、これは負けたな」と思いましたね。

彼ら参謀本部の者たちが、大戦略、国家戦略を立案するんです。ところが、日本の陸軍大学校は、軍の統帥しかやらんでしょう。戦争指導、国家戦略とか大戦略というものは、教育もしなければ勉強もしないんですよ。西浦進さんは、盛んに大戦略の研究が日本の陸軍には足りなかったと言うんです。私ども参謀本部の第二十班で戦争指導を担当する、私は末席でしたけれども、ウェデマイヤーの文章を見て驚きました。あれは初めから日本本土に上陸するという構想を持ってやってるんです。

ところが、私どもは太平洋戦面に陸戦が生起するとは夢にも考えていなかったでしょう。陸軍では一兵も配備する計画はないですよ。それは大艦・巨砲、艦隊決戦で、太平洋戦面の作戦は決まると考えていた。だから、軍事専門家の貧困によって、戦略において負けたと私は思うんです。それで、沈黙の提督の井上成美さんが、太平洋戦面において陸戦の生起する陸地の攻防を受けるということを、昭和十六年一月に提唱しておられる。

大艦巨砲ではなくして、西太平洋における陸地の攻防が行われると。〝陸戦が起きる〟とは書いてないですが、〝陸地の攻防が行われる〟と書いてある。これは、陸戦の生起でしょう。

〈解説〉航空本部長井上成美中将（当時）が海軍中央部に提出した「新軍備計画論」

について少々の誤解があります。井上が一番主張したかったことは「対米戦争に勝つことは絶対に不可能なり」としてあげた次の六条件にあったのです。
①米本土の広大さ。占領は不可能。
②首都ワシントンの攻略不可能。
③米軍事力は強大で殲滅は不可能。
④米国の対外依存度の低さと、資源の豊かさから海上封鎖の無効。
⑤海岸線の長大さ、陸地の奥行きの深さから海上からの攻撃封鎖の無効。
⑥カナダと南米の中間にあり、陸続きの地理的位置からも米本土の海上封鎖は不可能。
　井上は強調しなかったのですが、この正反対なのが地政学および資源、工業能力から見た日本の地位なのです。この地政学的にみた脆弱さゆえに、この国は守りきれない国なのである、と井上はリアリズムに徹して意見具申したものでした。それを無視しての戦争決断は「愚か」と評するほかはないのではないでしょうか。

原　私は開戦と同時に、南方攻略戦十一個師団が終わったならば、さらに十個師団くらいの兵力を中部太平洋に展開して、持久戦略の陸戦に対する準備をすべきだったと思います。それが一年半おくれて昭和十八年五月三十日になった。そこに、軍事専門家の非常な欠格があるということを自覚せざるを得ませんね。大体、陸大の教育が悪いんです。

杉田 それは、あるね。対米作戦に陸軍大学校の教育が変わったのは、昭和十八年なんです。それまでは、対ソ作戦の教育をしている。そこに指導者の戦略思想というか、そういうような時局の認識が足らんということが解るね。

航空の話がありましたけれども、アメリカの戦略爆撃が、よく言われますね。あれは第一次大戦直後に、その思想が出てきてるんです。そして陸軍の中に、総司令部航空隊というのが出来て、それが戦略的に爆撃する部隊をつくっておったんです。それが、第二次大戦に戦略爆撃隊となって発展してくるわけです。第一次大戦の直後にドイツの戦艦をアメリカが取るでしょう。それに対して、航空で爆撃してみる研究をやっているんです。それはミッチェルだが、彼が余り極端なことを言うもんだから、軍法会議になって、マッカーサーが裁判官になってクビを切られるわけです。それほどまでに、戦略爆撃という思想が発展しておるわけです。ところが、日本は、まだ、そういうようなことが発展しないわけです。そこに、非常に戦略思想に対する研究が進んでおったということを認識しておかなければいかんと思います。

陸大の教育が悪かった

戸村　私は終戦の年に、櫛田課長と一緒にイギリスのマウントバッテンの幕僚と、いろいろ話し合いをしたことがあります。そして、「君のところの陸軍大学というのは、どういうことをやるんだ」という話が出ました。向こうは、「一番優秀な人を情報参謀にする、二番目は後方参謀。作戦参謀などは、どうでも、それが解れば出来るんだ」と言うわけです。大体、陸軍大学校は、とにかく矢を射て、それが当たればいいというような教育をしておったから、こういう結果になってるわけです

原　全く、同感ですね。

奥村　ロンドン大学に、キングス・カレッジという大学がありまして、その中に戦争研究学部——ウォー・スタディーズというのがあります。ロンドン大学ですから、もちろん普通の大学ですが、そこへ昭和五十年、行ったんですが、そこにはコースが二つあります。一つのコースは、現在の戦争の問題、たとえば戦略兵器制限交渉とか、ヨーロッパの兵力削減交渉とか、軍縮とかいう現在の問題で、もう片方は戦史的な問題で、驚くべきことに、第一次大戦ぐらいから非常に熱心にやっています。

さっきお話に出たミッチェルとか、ドゥーエとか、リデル・ハートとか、そういう人まで含めて、そういう戦略思想とか、日本の軍部の陸軍の政治的構造について、とかいう講義をやっております。ですから、大学院だけでありますけれども学生は十人ちょっとですが、そういうものをふだんから、普通学校でも研究する機関があるくらいですから、日本とは大分、違うんだということを、痛切に感じました。

松村　それは私も非常に賛成でして、軍閥と言われますけれども、明治時代は、まだいいんです。軍人も、文官も、みな、武家の出身で、政治も軍事も、よく知ってるんです。だから、政治家も戦争というものを、よく知ってるんですな。

ところが、大正以降になると、そういう元老がいなくなってきた。しかし、明治以来、日本は戦さに勝ってきたもんだから、戦さというのは、すべて兵隊のやることだと思ってるんです。そうして文官になる人たちは、戦争というものを全然、勉強も研究もしてないんです。その結果、軍は非常に国防に不安を感じて、遂に、政治に力を入れ出したということだと思います。

現代でも、そうだと思うんですけれども、戦さがいやなら、戦さを研究しなければならない。伝染病がいやなら、伝染病の予防を研究しなければいけない。それを、いまは戦争というものを研究しようとしてないんです。これでは駄目なんで、私は、いつも例を出すんですけれども、ヨーロッパの連中は、昔からそうで、文官が戦争を研究してますね。

私の知っている例で言えば、ソ連はレーニンも、スターリンも、クラウゼヴィッツの信奉者ですよ。もっとも、共産党というのは、〝闘争〟ですから、そうなったんだろうと思いますけれども、そうじゃない者も、たとえば、クレマンソーなど、フォッシュを呼んでフォッシュの講座を聞いてるんですね。

つまり戦争というものを研究しているんで、今、イギリスでも、それをやっているというお話を聞いて、非常に感心したんですが、日本でも、それをやってもらいたいですな。それが解れば、わけの解らん平和論や、国防不要論は出てこないと思います。非常に、いいお話を聞きました。

加登川　陸大の教育が悪いとは、結局、その卒業者が悪かったということで、皆さん、陸軍大学校ご出身のお歴々が謙虚に反省しておられるから（笑）。これで長い座談会の締めくくりが出来たように思います。開戦経緯について非常に参考になるお話を承ることが出来たことを、お礼申し上げます。

余話と雑話——あとがきに代えて

いかがでしたでしょうか。読者の皆さんの読後のご感想は？　「まえがき」でふれたように驚天動地、いや天地逆転で「陸軍善玉論」になったとはいかなかったかとは思いますが、少なくとも南部仏印進駐という戦争の導火線に火をつけた愚かな戦略が、海軍主導の確信犯的な軍事行動によるものであったことぐらいは、とくに了解されたことかと思われます。

インターネットの時代となって、善玉悪玉、あるいは愛国と反日など、AかBかの二者択一が手っ取り早いので尊ばれる世となりましたが、少なくとも歴史はそう簡単に割り切れるものではないのです。いろいろな判断や選択が複雑に入り組み、真っすぐには流れず紆余曲折、あるいは跳躍したり後戻りしたり、その上に国際情勢が想像を絶する勢いでからんできて、とにかくいつでもお先真っ暗のまま進んでいく。その難しい状況下で、誤った決断をすれば、その結果としてのつぎの難問に直面したとき、さらに誤った判断をしてしまう。その二重にも三重にも誤った国家的決断の重なりが、要は「昭和史」であったと思われます。海軍が善玉で陸軍が悪玉であったもへちまもありません。どっちもどっちで、戦争そのものを、つまりは国家をいかにして亡ぼさないかの戦争指導を真剣に考えることなしに、他力本願で世界をすべて敵とする大戦争に突入していったとしかいいようがないのです。読者の皆さんも、本書からその事実を十分に汲みとることができたことであろう、と思うのですが……。

そしてまた、それにしても陸軍と海軍はほんとうに仲が悪かったのだな、という笑えない現実をも、本書で語られている言葉の端々から察することができたことかと思います。読書の愉しみはそんな細部に存しているわけなんです。

新書編集部の水上奥人君と相談して、文中にかなりの数の〈解説〉を入れました。実は読み進めていく上でかえって邪魔になるのではないか、と思わないでもなかったのですが、若い人々にも読んでもらって理解を深めていただくにはあったほうがいいか、とも考え直して入れました。いくらかはまさしく蛇足というものだぞ、という気はしております。ま、老骨の要らざるお節介とお許し下さい。邪魔と思われたら素っ飛ばして読み進めていって下さい。

その上で、こんなことをいうのはさらに矛盾もいいところなのですが、〈解説〉は何分にも本文中への挿入ゆえ、長々と書くわけにはいかず短くまとめたため、わたくしには不満に思える気持ちが多く残ってしまいました。そこで以下に〈余話と雑話〉として書き足りなかったと思えたことを、少々長めに追加することとします。「あとがき」ならざるあとがきとなって、水上君が「いくらなんでもこんなに長く」と渋い顔をするかもしれませんが、「文春ＯＢの古老の我儘ぐらいガタガタいうな」と文句をいわさないことにいたします。

さて、まずは独ソ開戦前後と日本の国力についての興味深いエピソードから。

この独ソ開戦の一日前の昭和十六年六月二十一日、本書ではふれられていませんが、アメリカは石油の全面輸出許可制に踏みきっているのです。これは日本からみれば事実上の輸出禁止と判断しなければならなかった重大なことであったのです。そこで翌二十二日、陸軍省燃料課長の中村儀十郎大佐が東条陸相に、石油問題について食いついています。航空ガソリンの手持ち量は三十八万五千キロリットル、これをいまの月間使用量一万五千キロリットルで割ると、現在の対中国戦を戦っていくだけでも二年ほどで尽きてしまうことになる。いや、他方面での必要なコストを考慮すれば、二年とはいわず一年ちょっとで作戦不能の状態に陥るであろうことは明白である、と中村大佐は必死の面持ちで陸相に訴えたのです。

「したがいまして、一刻も早くご決断を……」

この中村大佐の言葉を最後まで聞くことなしに、東条陸相は答えたといいます。

「泥棒をせい、というわけだな」

これを耳にしたとたん、アメリカの禁輸政策が実施されれば、東南アジアの油を狙うほかはない。そのことを陸相は「泥棒」という物騒な言葉でいっているのだな、そう中村大佐は判断したというのです。それで黙らざるを得なくなった。

さらにもう一つ、注目すべき事実があります。陸軍主計中佐秋丸(あきまる)次朗を中心とする戦争経済研究班の、秘密裡に行われていた各国経済力の分析報告です。秋丸中佐がその報告を陸軍中央部(陸軍省と参謀本部)の首脳にくわしく説明したのも、六月二十二日前後のことであったというのです。

「石油が全面禁輸で対米英戦となった場合、経済戦力の比は二十対一程度と判断されます。開戦後、最長にして二年間は貯備戦力によって抗戦は何とか可能ですが、それ以後は、わが経済戦力はもはや耐えることはできません」

この秋丸中佐の誤魔化しようもない報告を聞いて、参謀総長杉山元大将が感想を述べるように淡々としていいました。

「よく、わかった。調査および推論は完璧なものと私は思う。しかし、結論は国策に相反する。ゆえに、この報告書はただちに焼却せよ」

読者はびっくりしませんか。東条も杉山も、日本の国力が長期戦には耐えられないことがわかっていたことは、これらの史実が証明しているのではありませんか。日中戦争がはじまっていらいの対中国戦費はすでに二百八十億円を超えています。国力が疲弊していることは誰にもわかっています。でありながら、本書でわかるように、七月二日の御前会議で、海軍の対米強硬派の連中のいうがままに、軍のトップは南部仏印進駐を決定しているのです。

そしてその国策どおりに七月二十八日、陸軍の大部隊がサイゴン（現・ホーチミン）に無血進駐します。アメリカはただちに石油の全面禁輸という恐れていた戦争政策で応じてきました。この瞬間に、日米交渉妥協への命綱が切り落とされたにひとしい情勢になってしまったわけです。

まったく、〝無謀な〟という形容詞をつけねばならない決断であった、といえます。

東条内閣はこうして生まれた

そうした情勢下で、東条英機内閣が成立したことは、恐らく昭和史の不思議の一つに数えられるかと思います。次に、そのことについて。

ご存じかと思いますが、昭和十五年十一月に九十一歳で元老西園寺公望が没したあとは、日本の首相は首相経験者である〝重臣〟を中心とするお歴々の合議によって選ばれることになっていました。この原則論はわかっていても、ではどんな風に重臣によって首相が選び出されるのかは、案外知られていません。で、具体的に東条の場合は、ということで、こんどは確たる史料にもとづいてドラマチックに、いくらかインチキなト書きを入れて、楽しく一席やることにします。

十六年十月十六日、せっかく申し込んだ日米頂上会談もオジャン、ニッチもサッチもいかなくなって近衛が内閣をおっぽり出します、そのあとの重臣会議に列席したのは、重臣プラス内大臣の木戸幸一、枢密院議長の原嘉道(よしみち)。討議は、長老格の若槻礼次郎(わかつきれいじろう)が「勇ましい主戦論は危険であり、いま戦争をしたらどうなるかも、慎重に検討すべきである」と前提的な牽制球を投げたあとからはじまりました。

原　「アメリカが突きつけてきた石油の全面禁輸問題が今日の危機の中心かと思われる。海軍は二年分くらいは備蓄していると聞くが、陸軍はどうなのか？」

——列席のものがそんな超機密を知っているはずはない。無言がしばし支配します。

清浦奎吾（きようらけいご）　（ボソボソとした口調で）「野村大使が対米交渉の妥結の見込みありといってきているというのだが、なぜ近衛が……」

——とにかく、重臣にくわしい情報は伝えられていないので、近衛の突如の政権投げ出しが不思議でならなかったことでありました。

木戸　「（九月六日の）御前会議で、じつは十月十日までに交渉妥結しなければ戦争、と決定されているのである。ところが、陸軍との意見の相違から、近衛内閣は行き詰まらざるを得なくなった。しかも、米国から（頂上会談についての）いい返事を得ないうちに、その十月十日が過ぎてしまったのである。それゆえに……」

若槻　「エッ、そんな……日華事変（日中戦争）ですでに四年も費やしている。その上に戦争をはじめたら、日米戦争は何年かかると思っているのか」（と、米内光政の顔をみる）

米内　（渋々という口調で）「海軍が勝つといっているのは、太平洋を土俵にして日米の

艦隊が正面から取っ組めば、多分勝つ自信があるということであって、長期戦となれば話は別だ」（と、いささか頓珍漢に答える）

広田弘毅「要するに、中国での戦争がつづいているのであるから、政治も大本営の意向中心でなければならない。（首相選出も）大本営の希望を聞く必要はないのか」

——軍部の圧力に弱い広田の面目躍如です。

木戸「とにかく陸海軍が完全に一致することが、いまは国家のために絶対必要であるが、といって統帥部から（首相の）候補者を出すことは、よくよく考えなければならない」

林銑十郎「いっそのこと、皇族のご出馬を願ってはどうか」

木戸「いかん、いかん。難局解決に皇族を当たらせることはいかん。万一の場合には、皇室を国民の怨府（えんぷ）としてしまうことになる」

若槻「皇族はダメ、というならば、臣下をということになる。では、それは誰か？内大臣の意中をうけたまわりたい」

木戸（待ってました、とばかりに）「陸軍大臣の東条閣下。と同時に陸海軍協調と、九月六日の御前会議決定の再検討を陛下が命ぜられるのが、もっとも実際的な時局収拾であると思う」

若槻（びっくりして）「東条!?　そんなバカな!?　それより宇垣（一成（かずしげ）・元陸軍大臣）はどうか」

木戸（決然たる口調で）「ダメです。これまでの経緯（いきさつ）もあり、陸軍部内は宇垣にたいして、十分な支持をする空気になっておりません。その宇垣によって陸軍を抑えさせるのは、とうてい無理な話です。東条ならできます」

――ここで阿部信行が宇垣大将についてわけのわからないことを長々というが、略。

岡田啓介「しかし、どう考えても、今回は陸軍が近衛内閣を倒したと見るべきである。その陸軍の代表の陸相に大命が下るのはどうかと思う。私は断固として反対する」

木戸（キッとなって）「いや、今回の政変は、陸軍のみに責任があるとはいえない」

岡田（ひるまずに）「とにかく、陸軍は強硬そのものである。内大臣は以前に、陸軍は背後から鉄砲を撃つといわれたことがある。それが大砲にならなければいいが、そうなる可能性がある。断固反対だ」

――論戦らしい論戦はこのときだけ。噫（ああ）！

木戸「その心配はもちろんある。（ジロリと岡田をにらみ、皮肉っぽく）ならば、海相

（及川古志郎）に担当させるか。それも一案であるが……」

岡田「いかん、海軍がでることは、絶対にいけない」

米内「まったく、同感である」

——この海軍の長老二人の組織防衛ぶりには、海軍には海軍のみあって国家なし、と当時評されていたのはもっともである、と思うほかありません。

若槻（歯切れも悪く）「東条ということになれば、外国に、とくにアメリカにたいして、悪い印象を与えることになると思うが、どんなものか。むにゃむにゃ」

広田（大声で）「内大臣の案に私は大賛成である」

——一同、黙り込む。

原「内大臣の案には不満もあるようであるが、ほかにいい案もないから、これでゆくことにしよう」

というわけで、討議はおしまいになります。

結局は、広田の「内大臣の案に大賛成」ですべては決して、十月十八日に東条首相がめでたく誕生。本書で、任命された東条がびっくりする様子がくわしく語られていますが、選出した重臣会議がこんな具合でしたから、無理もないことであったでしょう。そして、その結果として、その二カ月後には無謀な戦争突入となるのです。それにつけても、大事な会議がこんなものであったとは！　もう一度、噫！

こうして成立した東条内閣の登場に、多くの人が驚いたことは書くまでもありません。しかし、木戸の意図は、のちの彼の手記によれば、天皇にたいして忠義一途のこの将軍に責任をもたせることによって、陸軍の開戦論者を抑えるという苦肉の策であったというのです。このとき昭和天皇は「虎穴に入らずんば虎児を得ずということだね」と感想をもらした。この感想に、木戸は「感激す」と十月二十日の日記に書いているのです。推量すれば、天皇に代わって俺が東条をリモート・コントロールしてみせる、という自信が木戸にあったのではないでしょうか。ですから、木戸は東条および海相留任（予定）の及川をよんで、みずからが伝えているのです。

「九月六日の御前会議の決定にとらわれず、内外の情勢をさらに深く検討し、慎重に考慮する必要がある」と。

すべて新規まき直し、いわゆる「白紙還元の御諚」です。東条は天皇にいわれたのではなく、木戸にいわれたのです。けれども、内閣と違って、陸海軍統帥部は〝白紙還元〟の御諚もなんら受けませんでした。ですから、軍は戦争への道をひたすら進んでいくのみであったのです。東条内閣が成立した翌日の十月十九日に、海軍統帥部は正式に真珠湾攻撃作戦を決定します。

東条は催促して戦力の再検討をさせ、それを天皇に律儀に詳しく状況報告し、ということになっていますが、『昭和天皇実録』にはそういう記載はありませんでした。ともあれ、内閣としての結論をだしました。戦備を整えることをつづけながら、日米交渉をつづける。しかしながら、十一月二十九日までに交渉が不成立ならば開戦を決意する、そのさいの武力発動は十二月初頭とする、というものでした。

十一月一日、この結論をもって大本営政府連絡会議がひらかれました。そのクライマックスの問答はつぎのようなものでした。賀屋興宣蔵相がいいます。

「私はアメリカが戦争をしかけてくる公算は少ないと判断する。結論として、戦争を決意することがよいとは思わない」

つづいて、東郷茂徳外相も反対論を。

「私も米艦隊が攻撃してくるとは思わない。いま、戦争をする必要はないと思う」

これに永野修身軍令部総長が答えました。

「来たらざるを恃むことなかれ、という言葉もある。先のことは一切不明だ。安心はできないのだ。三年たてばアメリカは強くなる。敵艦も増えてしまう」

賀屋蔵相が顔色を変えていいました。

「ならば、いつ戦争をしたら勝てるというのか」

「いま！　戦機はあとには来ない。いまがチャンスなのだ」

そして、永野総長は机をドンと叩いたといいます。閣僚たちは黙ってしまいました。

こうして十一月五日に三回目の御前会議がひらかれました。事実上、太平洋戦争開戦を決定づける会議となります。東条、東郷、鈴木貞一企画院総裁、賀屋蔵相、参謀本部、軍令部各総長がこもごも説明し、つづいて原枢密院議長が天皇の代わりに質問し、予定どおりの答えが返ってきます。一言でいうと、もはや日米交渉による情勢打開はあり得ないということでした。

質疑が終わり、原議長が結論をだしました。

「いまを措いて戦機を逸しては、米国の頤使に屈する（アゴで使われる）もやむを得ないことになる。よって米にたいし開戦の決意をするもやむを得ないものと認む。初期作戦はよいのであるが、先になると困難を増すが、何とか見込みありと（統帥部が）いうので、これに信頼す」

これでわかるとおり、大日本帝国は確たる戦争指導計画のないまま、やれば何とかなるという見込みだけで、国家を敗亡に導くかもしれない戦争を決意したことになります。

そしてこの御前会議の結論「戦争決意」は、アメリカに暗号解読されてしまいます。野村吉三郎駐米大使に送られた外交電報は、何とか日米交渉を妥結せよ、その期限は十一月いっぱいである。米国務長官コーデル・ハルは『回想録』に書いています。

「ついに交渉の期限が明記されるにいたった。訓電の意味するところは明白であった。日本はすでに戦争機械の車輪を回しはじめているのであり、十一月二十五日までにわれわれが日本の要求に応じない場合には、アメリカと日本の戦争をあえて辞さないことを決めているのだ」

こうして七月二日の御前会議の〝決意〟が、九月六日には〝準備〟となり、ついには〝決定〟にまでかけ上ってきたのです。ぬきさしならない道を、ただ一筋に、そしてひたすらに戦争へ。もはや狂瀾を既倒にめぐらすことはできません。残されているのは、開戦をいつにするかという最後の御前会議だけでありました。

同じ十一月五日、御前会議終了後、永野総長から山本五十六連合艦隊司令長官に、大海令第一号が発令されました。自存自衛のために、十二月上旬を期して米英およびオランダに開戦を予期し、作戦準備を完整せよ、というものです。翌六日、陸軍も南方派遣軍を編制し、寺内寿一大将を総司令官に任命しました。陸海軍ともに作戦計画のほうは、見事なほど万全を期していました。

十二月一日、最後の、第四回の御前会議がひらかれました。もはやあらゆる望みは失われたと、政府も陸海軍もさばさばとしています。交渉決裂、戦争に突入するのみだ、という決定がなされます。午後二時に開会し、一時間ほどで終了しました。ほとんど何も論ずることはなかったのです。木戸内大臣が、開戦の決定を「運命というほかはない」と手記に書きました。この決定をうけて十二月二日、山本連合艦隊司令長官は全軍に暗号による命令を発します。

「ニイタカヤマノボレ　一二〇八」

開戦日、Xデーは十二月八日と決定したことを知らせたものでした。

ところで、なんと日本が開戦を正式に決定したその翌々日くらいの十二月五日、軍部が心の底から勝利をあてにしていたドイツの国防軍は、モスクワまでわずか三十キロに攻め入ったにもかかわらず、ソ連軍の総攻撃をくらって退却をはじめていたのでした。吹雪のなかを追い立てられて総崩れ、後退に後退をはじめたわけです。ドイツがソ連を降伏させるなどという目はまったくなくなっていました。歴史とはなんと皮肉なものでしょうか。そんなことも知らず、十二月八日に日本は闇雲に亡国の大戦争に突入していったのです。

一つだけ、本書ではまったくふれられていないことを付け加えておきます。こうして世界情勢が急展開しているとき、日本の国民はどうしていたのか、ということです。これがまた情けなくなるほどメディアに煽られて勇み立っておりました。たとえば、十月二十六日の東京日日新聞（現・毎日新聞）の社説です。読めば読むほどいやはやとため息がでてくるばかりの大言壮語。

「戦わずして日本の国力を消耗せしめるというのが、ルーズヴェルト政権の対日政策、対東亜政策の根幹であると断じて差支ない時期に、今や到達していると、われらは見る。日本及び日本国民は、ルーズヴェルト政権のかゝる策謀に乗ぜられてはならない。われらは東條新内閣が毅然としてかゝる情勢に善処し、事変完遂と大東亜共栄圏を建設すべき最短距離を邁進せんことを、国民と共に希求してやまないのである」

「最短距離」とは戦争をやれ、ということですね。歴史の流れはもう滔々として、誰も止めることができない激流となっています。個々人の反対はたくさんあったと思います――たとえば、山本五十六などもそうです――が、米内光政の言葉を借りれば、ナイアガラの滝に逆行して、孤独の舟を漕ぐような、それほどはかないものであったということです。

議会でも、十一月十六日から五日間、臨時国会がひらかれ、追加の軍事予算三十八億円がまともに審議されることなく成立しました。質問に立った小川郷太郎が叫びました。

「私ももはや決戦体制に移行すべき時であると言いたい」

これに呼応して、島田俊雄議員も大声をあげます。

「ここまでくれば、もうやる外はないというのが全国民の気分である」

東条首相もこう獅子吼（ししく）します。

「帝国は百年の計を決すべき重大なる局面に立つに至ったのであります」

これをうけて新聞は、それぞれ勇ましい論陣を張りました。「一億総進軍の発足」（東京日日新聞）、「国民の覚悟に加えて、諸般の国内体制の完備に総力を集中すべき時」（朝日新聞）。どこもかしこも対米強硬の笛や太鼓ではやしつづけていたわけです。

もう一話。戦争に踏み切れと鼓舞したような東京日日の社説が載った一月後の十一月二十六日、千島列島の単冠湾（ひとかっぷ）から南雲忠一（なぐもちゅういち）中将指揮の大機動部隊が、真珠湾めざして出撃していきました。そして同じ日、京都では高坂正顕（こうさかまさあき）、高山岩男（こうやまいわお）、西谷啓治（けいじ）、鈴木成高（しげたか）の座談会「世界史的立場と日本」（発表は『中央公論』昭和十七年新年号）が行われていました。

当代きっての有識者の彼らは説いています。
世界史は大きく転回しつつある。西欧という一元的な世界史に代わって、アジアが登場して多元的な世界史がはじまっている。その大いなる歴史的な転回に主導的な役割を果たすべき国が、わが日本なのである。日本人がその役割を自覚し、世界史の方向を原理的に考え直すということは、まさに歴史の要請というべきなのである、と。

そしていちばん最後に高坂正顕がいいきりました。

「人間は憤る時、全身をもって憤るのだ。心身共に憤るのだ。戦争だってそうだ。天地と共に憤るのだ。そして人類の魂が浄められるのだ。世界歴史の重要な転換点を戦争が決定したのはそのためだ」

さてさて、昭和十六年十二月八日、日本人はみんなほんとうに憤っていたのでしょうか、当時十一歳のわたくしにはそうは見えなかった記憶があるのですが。

厳しい戦略観を持たなかった

最後に〈解説〉で少しくいい足りない思いを味わったものの、どうでもいい雑話にすぎないか、と思えるのですが、やっぱり〝もの言わねば腹ふくるる〟と古くからいわれていますので、田中新一と佐藤賢了の殴り合いのお粗末のつづきの事件を書いておきます。

　殴り合いは十七年十二月五日。そしてこのもう一つの事件は翌六日の夜のこと。田辺盛武参謀次長が首相官邸に赴くことを知った田中新一作戦部長が強く同行を希望しました。田辺はいったんは止めたが、田中は聞こうとしない。そして、折からその席にいた陸軍次官、軍務局長、人事局長たちに目もくれず、田中はガダルカナル作戦の緊急性と奪回のための船舶徴用の重要性を、東条首相兼陸相に真ッ正面から説明する。戦争指導班の『機密戦争日誌』によると、

「第一部長（田中）の大臣（東条）に対する諫言再考要望は、至誠至情肺腑をつき、余すところなし。言たま〳〵荒々しくなるところありとするも、蓋し重盛の父清盛に対する忠言に等しく、一座粛として声なく……」

　とあります。田中が全身全霊をこめて陸相を説得しようとしたことがみてとれます。しかし、東条は動かされませんでした。

「統帥部が企図したガ島奪回作戦には、私も当初たしかに異存がないと言明している。しかしながら、戦勢悪化とともに、このように予定外の船舶を消耗されては、陸軍省および政府としても、到底要望どおりにまかないきれるものではない。何度も申しあげたとおり、

このままいけば南方の資源地帯からの輸送計画の見直しはまったくつかなくなり、戦争遂行のための経済計画は根本から破綻する。そのことはもう目に見えてすぎていることではないか。くり返す、統帥部は閣議決定の範囲以内で最善を尽くして作戦をやるように。それ以外には一トンたりとも船舶の超過を認めるわけにはゆかない」

一徹無比の田中はなおも食い下がりました。軍の根幹は統帥厳守にある。統帥権をあくまで尊重してもらいたい、と毫(すこし)も引き下がることなく、声を大にして主張します。東条は頑として聞き入れません。ついに田中が怒りを爆発させました。

「この馬鹿野郎ッ！」

東条はすっくと椅子から立ち上がると、

「何ということをいうのか」

と、冷たく、そして静かにいいます。

一説には馬鹿野郎とまではいわなかったともいわれていますが、ほぼそれに近い暴言を吐いたことには間違いないでしょう。田中の回想録には、いろいろと政府ならびに陸軍省側はごたくをならべているが、そんなことより今後の戦争遂行の根幹は、一にかかってガ島の勝敗如何にある。この決戦に負ければ、すべてはご破算になる。つまり、

「南太平洋（ソロモン海域）の敗退は、日本の戦争経済の基盤を破壊することになる。本土と南方要域との海上交通が途絶するとき、日本経済の根本が崩れる。このとき、多くの船をもっていて何の足しになろう」

作戦当事者としては当然の意見かもしれません。ガ島争奪戦に敗れれば、怒濤のような連合軍の猛反攻の前に、戦争遂行計画は絵に描いた餅となります。それが田中のきびしい戦略観であったのです。しかし、国力全体からみた戦略観はそうではなく、ガ島の敗北がそのまま戦争全体の敗北につながるなどとは思いたくもない、ということになります。それがこの呆れた将軍同士の殴り合いであり、馬鹿野郎騒動をうんだのです。

それにしても、死児の齢を数えるようなことになりますが、本書では、しきりにミッドウェー海戦の敗北が強調されています。それはそのとおりとしても、陸軍中央部はなぜガ島戦の当初からこれほどのきびしい戦略観をもたなかったのか。米軍のガ島上陸を軽視し、本格的反攻と思いもしなかったのです。驕慢という精神状態の恐ろしさをあらためて思い知るのみなのです。

田中は首相官邸を出たその足で、杉山参謀総長のもとにゆき、いっさいの経緯を報告したあと、作戦部長の辞職を申し出ました。みずから墓穴を掘ったというより、むしろ田中はその機会を待っており、みずからがその契機をつくったというべきかもしれません。クビは覚悟の大暴れであったのでしょう。

海軍にいた強硬派の存在をこの座談で知った

以上で、本書をより面白く理解するための余話と雑話は終了とするつもりでしたが、どうせ長くなるのならと、新書編集部からさらにもう一話の注文がきました。海軍の第一委員会について少しくわしい説明があったほうがいいのではないか、ということでした。いわれてみれば、それはもっともだと思われてきました。これは海軍反省会の問題と思いますが、アメリカが石油の全面禁輸に踏みきったことを予期しながら、南部仏印進駐へと国策を強引に動かしていった第一委員会なるものの存在をわたくしが知ったのは、本座談を読んだときであったことを思いだしたからです。

あれはもう何十年前のことか。

ついでに、知った以上はもっと詳細に、かつ正確に知りたいと思って、旧海軍軍人の誰彼に会うたびに質問を重ねてみたことも思いだしました。まるで打ち合わせをすでにしてあるかのごとく、どなたも口を濁して、とどのつまりは「よく知らんなあ」という異口同音の結論になるのです。海軍良識派といわれた高木惣吉元少将にいたっては、「そんなことは、半藤君、知らなくていいから、余計な詮索はしないほうがいいと思うよ」と忠告してくれる始末でした。さもその問題に首を突っこむと、君の質問にこれからは旧海軍軍人は全員が応じなくなるよ、といわんばかりであったのです。どうやら海軍の問われたくないもっとも痛いところで、全員が「シー」と口止めにしていることであったようです。

それでそれ以後は、わたくしはほぼ全精力を傾注して、ごくごく懇意にしている元海軍の軍人さんに拝むようにして頼みこみ、徹底的に調べあげました。そうして第一委員会なるもののほぼ全容をつきとめることができたのです。そして、いまになるともう三十年ちょっと前、雑誌『諸君!』(一九八六年一月号)に長々とそのことを書きました。題して「海軍善玉論」。「常識のウソ」と題された特集に寄稿したものです。少々長すぎるものとなりますが、若干カットしながらも、ご海容を願って、以下にそれをそのまま引用いたしたく思います。

〈〔昭和十五年〕十一月下旬、蘭印攻略作戦の図上演習のために上京した折、山本長官〔五十六〕は及川海相を訪れている。そして海軍中央の強硬論を難詰して、

「たとえば、軍務局第二課長の石川信吾大佐の如きは、南部仏印進駐の由々しきことを次官（豊田貞次郎中将）に進言しているというが、あのまま放置しておけば大変なことになる」

と山本は迫っている。及川は答えた。

「石川はともかく、次官はこのところ策動がすぎるから、早目に代えた方がよいとは思っている。それには濠洲公使あたりがよいかとも思っている。しかし、私のみるところでは、海軍省よりむしろ軍令部に問題ありであり、こっちをもっとしっかりさせる必要がある。その強化策として一部長（作戦部長）に福留をくれまいかね」

福留とは連合艦隊参謀長福留繁中将のことである。ときの一部長は宇垣纏（まとめ）中将、鉄仮面とアダ名されるほど傲岸な、協調性の乏しい人であった。

山本長官の返事はニベもなかった。

「三国同盟締結前と情勢はまったく変っている今日において、対米英戦争の危険を確実に防止するためには、生半可な注意なんかでは駄目なので、思いきったトップの決心が必要なのである。一部長や次長の首を代えたところで何にもならぬ。不徹底以外のなにものでもない。軍令部総長に吉田善吾大将かあるいは古賀峯一大将。そして福留をして補佐させる。また、海軍次官には井上成美中将がよい。これ以外にはない。いずれも無理な人事であろうが、これくらいのことを思いきって実行し、上下相呼応するような人事強化をしなくては何の効果もない。今はこの難事を敢行して、狂瀾を既倒に廻らさねばならぬ。ここまであえてやって戴けるなら、連合艦隊としては忍び難いことではあるが、犠牲になっても、いかなる人事の異動であろうとも反対するものではない」

あまりにも破天荒な、意表をつく山本長官の人事構想に、及川海相はあっけにとられて山本のきつい表情を眺めていただけであった。

この山本構想に付け加えて、海相に山本その人をもってきたら、たしかに海軍の戦争への道は百八十度別の方向へ通じ、太平洋の波も鎮まったことであったろう。が、時の海軍首脳にはそれだけの腕力はなかった。

むしろトップにあったのは、九年間近くも軍令部総長として〝君臨〟している伏見宮と、そのお眼鏡にかなった提督ばかりだった。のみならず、軍令部次長近藤信竹中将も、豊田次官も親ドイツ派であったし、及川海相は漢学の大家というだけで、これらの人々に強力なリーダーシップを期待することは、はじめから無理なことであった。

しかも、海軍中央の中堅クラスには、山本がいかに「此の時流に乗り今が南方作戦の仕る。

時なりと豪語する輩」と罵倒しようとビクともしないくらいに、同憂の士が集められてい

十五年十月十五日、岡敬純少将が軍務局長に、富岡定俊大佐が軍令部第一課長に着任した。越えて十一月十五日、高田利種大佐が軍務第一課長、石川信吾大佐が改編されてつくられた軍務第二課長に就任する。九月に登場した及川・豊田の海軍首脳の下における岡・高田・石川らの新事務当局の形成によって、海軍省の陣容一新はここに完成した。

とくに改編の軍務第二課長石川大佐の役割が重要であった。この課は陸軍省の軍務課と対応し、国防政策を担当することになった。北部仏印進駐・三国同盟後の風雲急を告げる状況に対処し、陸軍に対抗する政策を海軍もまたもたねばならぬという緊急の要請から、新任務の下に改編されたものである。

しかも、石川信吾といえば若いころから海軍きっての「政治将校」の代名詞で通る対米英強硬派だ。妥協性・同化性に富み頑固性に欠ける傾向をもつ海軍軍人のなかにあって、およそそれらしくない稀有の軍人の一人であった。書かせてよし、語らせてよし、昼夜をいとわぬバイタリティの持主。批判を浴びることも承知でズバズバ発言した。（中略）

しかも折から「好機南進」をめざした政策構想は危険すぎると引っこめざるをえなくな

り、いわば日本は八方塞がりの状態にあった。この状況を打開するためにも、富岡・高田・石川を中心に海軍中央は陣容を一新したのである。

さらに、これと時を同じくして海軍は有事に備えての戦備の完整を決定した。昭和十五年の海軍の編制および各艦の準備は、およそ戦争とは縁遠いものであった。これが「好機南進」の政策の鉾先をにぶらせた。だが、ヨーロッパでの戦局の推移いかんでは、訓練や編制替えの余裕もなく、急激に国策が進展することもありうる。いつ戦時編制を下令しても即応できるだけの準備をしておかねばならず、しかも陸軍と違い海軍の戦備は金と時間を厖大に必要とした。早目に行なっておかなければ、時機を失することになる。

石川大佐が海軍中央に着任したと同じ日、十一月十五日、及川海相は出師準備（陸軍でいう全軍動員）実施に関する上奏を行ない、同日、全軍にたいし天皇の名において準備発動を令した。それは昭和十六年四月十日をもって、外戦部隊（連合艦隊など）の対米七割五分の戦備（当時における対米戦備のほとんど全力）の完整をめざすものであった。

日本海軍が正式に出師準備を発動したのは、日露戦争いらい初めてのことである。しかも、それは国家の戦争の〝決意〟とは別問題として実施された。しかし、作戦の総本山・軍令部がこれによって今後の諸対策に大きな自信をえたことは否定できない。

戦備の主務者である軍令部作戦課の先任部員神重徳中佐は、この準備発動を背景として十月二十八日、参謀本部作戦課の岡村誠之少佐にこう明言している。

「海軍は来年（十六年）四月以降に南方作戦を実行しないと、部内統制上も都合が悪くなる。四月になれば対米戦に自信がある。対米兵力比が七割五分になるからである」

また同じころ、参謀本部作戦部長田中新一少将にも、神参謀はいった。

「蘭印をやり、英米を敵としても、十六年四月以降ならばさしつかえない。外戦部隊の七割の戦備が十二月にほぼ終わり、一月中旬に完整する。蘭印だけならこれでやれる。四月中旬になれば、対米七割五分の戦備が整う。十六年四、五月ころ、海軍としても対米戦争をやらねばならぬ。十六年暮になると、修理を要する艦艇が多くなり、作戦がやりにくくなる」

この陸軍を驚かせるような断固たる発言をした神中佐もまた、名うてのヒトラー心酔者であり、対米強硬論者であった。だが、問題は陸軍が、陸軍の全軍動員にも比せられる重大措置を、海軍が着々と進めていることを的確に認識していなかったことである。さらにいえば、この出師準備の進展が、海軍中堅層の対米戦争への強気論と、表裏の関係で結びついていったことでもある。

こうして海軍中央は有事の場合の準備をすすめるとともに、人事や機構の整備も完整をめざし、十五年暮にはほぼ陣容をととのえた。

岡・富岡・高田・石川を中心に、十一月に〝南洋王〟と称され、海軍南進論の先駆である中原義正少将を人事局長にすえた。以下、前田稔少将（軍令部第三部長〈情報〉）、大野竹二大佐（戦争指導部員）、神重徳中佐（軍令部第一課）、柴勝男中佐（軍務局第二課）、藤井茂中佐（軍務局第二課）、小野田捨次郎中佐（軍令部第一課）、山本祐二中佐（軍令部第一課）、木阪義胤中佐（軍務局第二課）と錚々たるメンバーがそろった。

かれらは事あるごとに、第一次大戦に敗北した祖国の復興をかかげて躍進するドイツを讃美した。人間はすべて創造者になれるというニーチェの思想を、行動原理とするヒトラーをたたえた。石川大佐はいった。

「ナチスはほんの一握りの同志の結束で発足したんだよ。われわれだって志を同じくし、強固に団結しさえすれば天下何事かならざらんや」

柴勝男中佐は昂然としていうのを常とした。

「金と人（予算と人事）をもっておれば、このさき何でもできる。予算をにぎる軍務局が方針をきめて押しこめば、人事局がやってくれる。自分がこうしようとするとき、政策に適した同志を必要なポストにつけうる」

井上成美中将に面と向かって「三国同盟の元兇」と叱責されたこともある柴中佐は、

「理屈や理性じゃないよ。ことを決するのは力だよ、力だけが世界を動かす」

とうそぶいた。

勢ぞろいした海軍中堅は、さらに、八方塞がりの状況打開に策もないトップの〝不決断〟〝不行動〟にすっかり業を煮やし、海軍省と軍令部とを結ぶ政策決定機関をつくることを構想した。いわば課長以上の総意をもって首脳部をつきあげる、ダイナミックな「集団指導」をめざしたのである。

十五年十二月十二日、海相の認可をえて、海軍中央に「海軍国防政策委員会」、略称「政策委員会」がこうして発足した。のちに井上成美中将に「百害あって一利なし」ときめつけられたこの機関は四つの委員会により成っていた。第二が軍備、第三が国民指導、第四が情報を担当したが、もとよりその中心となったのは第一委員会で、これが国防政策や戦争指導の方針を分担業務とした。

委員は海軍省から高田軍務局一課長、石川同二課長、軍令部から富岡一課長、大野戦争指導部員の四大佐で、幹事役として藤井、柴、小野田の三中佐が配属された。このうち高田、富岡、藤井は海大首席卒業の恩賜の軍刀組で、「そこのけ、そこのけ恩賜が通る」と部内でいわれるように、まさにいずれも〃俊秀〃をもって自任、海軍を指導するとの積極的意気にもえる人々であった。そして、第一委員会のメンバーには駐米経験者がただ一人しかいなかったことが注目される〉

――さて、以上が調べあげた第一委員会ができるまでの海軍内部の動きでありました。あまりにも長い引用になってしまいましたが、恐らく本書に登場している陸軍中央部の中堅の参謀諸氏ですらも知らない事実があったであろうと思います。そして第一委員会は、それまでややもすれば、諸事について権限外と逃げ腰のときが多かった〃善玉〃海軍のあり方をかなぐり捨てて、陸軍と政策面で渡り合って一歩も退かない強さを示すようになります。軍務局第二課で石川大佐の部下であった中山定義中佐がわたくしにこう話してくれました。

「海軍の中のただ一人の政治的実力者を自認して〃よし、海軍は俺がひきうける〃と、巨大な陸軍の政治力に立ち向かおうとする石川の姿勢は、ほんとうに颯爽たるものがあったよ」と。

こうして十五年十二月二十六日に「泰・仏印に対し採るべき帝国の措置」を、翌十六年一月三十日、陸海軍部は「対仏印、泰施策要綱」をそれぞれこれからの国策として採択します。それは「方針」として、「目的の貫徹を期す」ために「所要の威圧を加え、やむを得ざれば仏印に対し武力を行使す」として、万が一に備えて仏印に基地を設ける、つまり、南部仏印進駐の基礎を決めたものでした。それらの原案はいずれも第一委員会が決定し、提案したものであったのです。

このあと南進論、すなわち南部仏印進駐が国策となるまでの経緯は、本書がくわしく語っているとおりです。そして、いざ進駐してみるとアメリカは石油の全面禁輸をもって応じてきました。これを知らされたとき、第一委員会のメンバーは夜間非常呼集をうけ海軍省に参集します。岡軍務局長が「米英の態度がシリアスになるとは考えたが、まさか全面禁輸をやるとは思わなかった」というと、石川が断乎としていい放ったというのです。「作戦上の理由からこの年の秋における開戦は必至と考えられていた。それは常識である。私は対米戦をやるならば今秋がチャンスと早くから確信していた。石油の禁輸は当然あるものと覚悟していた」

その上でうそぶいたといわれています。

「油は俺たちの生命だ。それを止められたら戦争さ」

ときに石川は四十七歳、男ざかりでありました。

本書のなかで、原氏が石川信吾の発言として語っているたとえの「馬に水を飲ませるために、水の流れまで馬を引っぱってきたが、馬は尻込みして、なかなか飲まない。ついに後ろから尻をひっぱたいてやっと馬に水を飲ませることができたよ」という言葉の「馬」に擬せられたのは陸軍、と思っていました。いまになると、馬はあるいは海軍首脳たちかなと、ふと思えてきます。永野軍令部総長の「いまの若い連中はよく勉強しているからな」という言葉が「何ともバカらしく響きます。明確な目的意識のないままに、海軍首脳は陸軍に張り合うために第一委員会を甘やかしすぎたのではないでしょうか。

ついでに書いておくと、昭和十六年十二月に大日本帝国が対米英戦争をはじめるときの海軍中央の陣容をみると、エッと驚くことがあるのです。なんと、薩長出身の対米強硬・親ドイツ派の連中で固められていたのです。永野軍令部総長の高知（土佐）出身を筆頭として、まず山口県（長州）出身は左のとおり。

沢本頼雄海軍次官、岡敬純軍務局長、中原義正人事局長、石川信吾軍務第二課長、藤井茂軍務第二課員。

鹿児島県（薩摩）出身も多いのです。高田利種軍務第一課長、前田稔軍令部情報部長、神重徳軍令部作戦課員、山本祐二同作戦課員、さらに大野竹二戦争指導部員も父親（伊集院五郎海軍大将）が鹿児島出身者でした。

第一委員会のメンバーのほとんどが親独派の薩長出身。これにたいして対米協調派の強力トリオの米内光政が盛岡、山本五十六が長岡、井上成美が仙台で、いずれも戊辰戦争のときの賊軍派出身の面々。これに加えて鈴木貫太郎も千葉県関宿の出身で賊軍派です。「〝官軍〟がはじめた昭和の戦争を〝賊軍〟が終わらせた」といって、よく識者に笑われるのですが、あながち出鱈目をいっているわけでないのです。

これで「あとがき」ならざる余話と雑話は終わりにします。本書を愉しく読む上でのお役に立ったかどうか、あまり自信がありませんが、ともかく追記として一所懸命に書いてみました。本の売れないいまの時代に、本書のようにいささか固い、あえていえばシチ面倒くさい本を読まれるという奇特な方に、少しでも手助けとなるようにとつとめたつもりですが、はてどんなものか。

それに関連して考えるのですが、読書にはどんな種類の愉しみがあるのでしょうか。その人その人によって、もちろん違うでしょうが、もし共通の愉しみがあるとすれば、おそらくおのれの知的好奇心の満足ということになるのではないか。老軀となった自分の体験でいえば、人生は忙しく短し、そして面白そうな本はいっぱいある、と。であるから、本書を手にとった読者の好奇心を一〇〇パーセント満足させる、そうであるようにとできるだけ頑張るのは、まさしく歴史探偵の仕事なのです。老齢なんか関係ありません。それで長い長い「あとがき」になりました。

最後になりましたが新書編集部の前島篤志、水上奥人両君、それと飯窪成幸君にお手数をいろいろかけたことに、心から感謝を申しあげます。ご苦労さまでした。

二〇一九年一月五日

半藤一利

座談会初出
『偕行』
昭和五十二年三月号～昭和五十三年三月号
※掲載された座談について著作権の確認をすべく努力しましたが、著作権継承者が分からない方がいました。お気づきの方は、編集部までお申し出ください。

半藤一利（はんどう かずとし）
1930年生まれ。作家。文藝春秋に入社し、『週刊文春』『文藝春秋』などの編集長、専務取締役を歴任。昭和史研究の第一人者として知られ、『日本のいちばん長い日 決定版』『聖断』『昭和史』など著書多数。

文春新書

1204

なぜ必敗の戦争を始めたのか
陸軍エリート将校反省会議

2019年2月20日　第1刷発行
2019年4月25日　第5刷発行

編・解説　半藤一利
発行者　飯窪成幸
発行所　株式会社 文藝春秋

〒102-8008　東京都千代田区紀尾井町3-23
電話（03）3265-1211（代表）

印刷所　理想社
付物印刷　大日本印刷
製本所　大口製本

定価はカバーに表示してあります。
万一、落丁・乱丁の場合は小社製作部宛お送り下さい。
送料小社負担でお取替え致します。

ISBN978-4-16-661204-8　　Printed in Japan